现代创意新思维·十二五高等院校艺术设计规划教材

书籍设计与印刷工艺（第2版）

BOOK DESIGN AND PRINTING CRAFT

雷俊霞　编著

人民邮电出版社

北京

图书在版编目（CIP）数据

书籍设计与印刷工艺 / 雷俊霞编著. -- 2版. -- 北京：人民邮电出版社，2015.6（2023.2重印）
现代创意新思维·十二五高等院校艺术设计规划教材
ISBN 978-7-115-34565-3

Ⅰ. ①书… Ⅱ. ①雷… Ⅲ. ①书籍装帧－设计－高等学校－教材②印刷－生产工艺－高等学校－教材 Ⅳ. ①TS881②TS805

中国版本图书馆CIP数据核字(2014)第020401号

内 容 提 要

《书籍设计与印刷工艺》（第2版）是"十二五"职业教育国家规划教材建设项目成果。

本教材集实用性、艺术性、欣赏性、创新性于一体，从内容选材、学习方法、实验和实训配套等方面突出了高等院校艺术设计教育的特点。教材以书籍出版的策划、设计和成型的实际需求为依据，以书籍整体设计为线索，以项目任务为载体，以学生实验性项目作品和优秀书籍设计作品为案例，系统讲述并详尽点评书籍设计、印刷、工艺各个环节的设计方法和技术要点，阐释书籍作为艺术与技术统一体的创意物化过程。

本教材适合作为高职院校艺术设计类相关专业教材，同时也适合作为平面设计相关从业人员、书籍设计爱好者、艺术设计领域的自学参考读物和培训教程。

◆ 编　著　雷俊霞
　　责任编辑　王　威
　　责任印制　杨林杰

◆ 人民邮电出版社出版发行　北京市丰台区成寿寺路11号
　　邮编　100164　电子邮件　315@ptpress.com.cn
　　网址　http://www.ptpress.com.cn
　　雅迪云印（天津）科技有限公司印刷

◆ 开本：889×1194　1/16
　　印张：7.75　　　　　　　2015年6月第2版
　　字数：245千字　　　　　2023年2月天津第13次印刷

定价：49.80元

读者服务热线：(010)81055256　印装质量热线：(010)81055316
反盗版热线：(010)81055315

序言
Preface

友人拿来作者的书稿要我作序。我要说，这是我喜欢的一个题目。

中国出版协会书籍装帧艺术委员会这几年着力作了两件事情：一件是不遗余力地推动以"书籍设计"的概念取代以往"书籍装帧"的说法；二是在设计师和有设计专业课的院校，全力推行"工学"这一主张。

这两件事都不容易。在某些问题上，比如"书籍设计"概念的推广，甚至有着激烈的学术争辩。

其实，无论"书籍装帧"还是"书籍设计"，都离不开一个核心的东西——设计。分歧在于对设计师的手究竟应该"伸多长"的认知上。

我们有太长的时间把图书美术设计师的工作局限在封面封底的设计上，而将书籍版式的设计视为可有可无。长此以往，我们甚至于简单地将设计师的工作称为"封面设计"。

这不是一个习惯，折射的是一个有局限性的认知。这个认知，较之国外先进的同行，有着巨大的差距。

中国书装设计界自20世纪80年代始，有黄友松、吕敬人、宁成春、速泰熙等先行者，承继老一辈设计家的成就，开始了"书籍装帧"向"书籍设计"的革命。

"书籍设计"，之所以称为革命，是因为设计师不仅是一本图书外在形式的包装者，也就是说，其职责不光是最后一道工序"封面设计"，而且是要对整本图书进行设计。设计师甚至要介入文稿的处理。这是以"编辑观念"介入设计或曰"设计观念"介入编辑的先进设计思想的体现。我们跟上了世界潮流，甚至在某些方面引领了世界潮流。国外同行说，中国书籍设计界用过去十年时间走完了人家一百年的发展道路。今天，我们的设计作品几乎每年都会获得"世界最美的书"等奖项；我们的设计师获评"亚洲十大设计家"称号；在世界书籍设计界的诸多舞台上，屡屡活跃着中国设计师们的身影。我们已成为世界书籍设计界中一股迅速崛起的力量。

工学理论和设计理念的引入，是近几年的事情。

工业革命的成果，具有二重性。一方面发展和细化了技术，一方面否定着此前农耕社会的某些工艺传统。图书即是。工业技术将设计和制作机械地分离，使书籍设计和制作程式化，而生动性则衰减。但随着机器智能化的发展，印刷工艺完全可以更多更好地实现设计师的创意。没有做不到，只有想不到。因此，设计师的专业素养中，对印刷机械、印刷流程、印刷工艺等属于工学的知识领域，也必须要有所涉及和了解，甚至要比印刷工人能更加熟稔地掌控印刷机械，为自己的设计服务。对于广大书籍设计从业者队伍来讲，这是一个带有前瞻性的要求，也是书籍设计理念推广应用中必然要解决的一个重要问题。

该书的作者雷俊霞副教授，就职于高校艺术设计学院，长期从事书籍设计方面的教学与实践，经验丰富，学术视野宽广。她撰写的《书籍设计与印刷工艺实训教程》曾作为2010年省级重点教材建设项目成果推广，也曾被出版社评为十佳好书。此次经作者认真修订，使内容有了更多更好的提升。

我相信这本专为书籍设计师撰写的专著，会在中国书籍设计革命的潮流中起到重要的作用。

我期待着。

是为序。

中国版协书籍装帧艺委会主任　胡守文
2014·12·21于京城［养拙斋］

第一章　课程设计

- 001　第一节　课程定位
- 001　第二节　课程设计理念
- 003　第三节　教学重点与难点
- 005　第四节　课程设置与课时分配
  - 005　一、课程设置
  - 006　二、课时分配
- 006　课题实训

第二章　设计准则

- 007　第一节　设计流程
  - 007　一、设计调研与考察
  - 007　二、资料收集与整理
  - 009　三、思路构想与草拟
  - 009　四、方案设计与深化
  - 009　五、设计确认与实施
- 011　第二节　艺术＋技术
- 012　课题实训

第三章　书籍元素

- 013　第一节　开本
  - 013　一、结合书籍类型和特征考虑开本大小
  - 013　二、符合纸张利用率来决定开本类型
- 014　第二节　比例
  - 014　一、自然界中的黄金分割
  - 014　二、根号比例
- 015　第三节　ISO国际标准
  - 015　一、各种纸型及规格
  - 016　二、书籍开本比例
- 017　第四节　书籍结构要素
  - 018　一、护封
  - 019　二、腰封
  - 021　三、封面
  - 023　四、书脊
  - 025　五、环衬
  - 025　六、护页
  - 027　七、前言页
  - 028　八、扉页
  - 029　九、目录页
  - 029　十、版权页
  - 031　十一、内页
  - 034　十二、勒口
  - 035　十三、订口
  - 038　十四、切口
  - 039　十五、底封
  - 041　十六、书函
- 041　课题实训

第四章　版面编辑

- 045　第一节　叙述方式
  - 045　一、书籍编辑基本结构
  - 045　二、线性叙述
  - 045　三、非线性叙述
- 047　第二节　视觉原理
  - 047　一、格式塔心理
  - 047　二、视觉流程
- 049　第三节　字符
  - 049　一、字符测量法
  - 049　二、字号
  - 051　三、印刷字体
  - 053　四、创意字体
  - 053　五、段落编辑
- 055　第四节　插图
  - 055　一、视觉引导
  - 057　二、艺术插图
  - 057　三、信息图表
- 060　第五节　版面
  - 060　一、版心率
  - 060　二、图版率
  - 061　三、优先率
  - 061　四、版面墨度
- 063　第六节　网格
  - 063　一、基线网格
  - 063　二、分栏网格
  - 065　三、模块网格
  - 066　四、成角网格
  - 066　五、突破网格
- 066　课题实训

目 录 Contents

第五章　印刷工艺

067　第一节　印刷流程
068　第二节　印前工艺
068　一、原稿图像输入处理
068　二、原稿图文处理
068　三、拼版
068　四、打样
068　五、打印输出
069　第三节　印中过程
069　一、平版印刷
069　二、凸版印刷
069　三、凹版印刷
070　四、丝网印刷
070　五、数字印刷
071　第四节　印后工艺
071　一、印后工艺分类
071　二、特种工艺
077　三、装订样式
079　四、装订工艺
085　课题实训

第六章　印刷承印物

087　第一节　纸张承印物
087　一、凸版纸
087　二、新闻纸
090　三、胶版纸
090　四、铜版纸
090　五、白卡纸
090　六、宣纸
091　七、特种纸张
095　第二节　特殊承印物
095　一、纤维织物
095　二、皮革材料
095　三、金属材料
097　四、塑料材料
097　五、木质材料
097　课题实训

第七章　纸张成型与书籍艺术

099　第一节　纸张成型
099　一、折叠
099　二、剪切
100　三、粘贴
100　四、缝合
100　五、卷曲
100　六、围合
101　第二节　书籍艺术
101　一、立体书籍
104　二、概念书籍
105　三、超越书籍
105　课题实训

第八章　项目解析

107　第一节　项目案例一
107　一、项目名称
107　二、项目设计
107　三、项目解析
109　第二节　项目案例二
109　一、项目名称
109　二、项目设计
109　三、项目解析
111　第三节　项目案例三
111　一、项目名称
111　二、项目设计
111　三、项目解析
113　第四节　项目案例四
113　一、项目名称
113　二、项目设计
113　三、项目解析
113　课题实训
115　资料来源
116　跋　文

067

087

099

107

第一章　课程设计

第一节　课程定位

《书籍设计与印刷工艺》是一门兼具文化内涵、设计创意和工艺技术的实践性极强的专业核心课程。课程针对当今创意产业的迅猛发展，特别是身处产业前沿的出版、印刷行业对人才需求的现状，在与行业企业深度合作、调研的基础上，开发出以市场实际需求为导向，以项目引导、任务驱动为目标的实践教学体系，最终达到提高学生岗位技能和专业拓展能力的目的。

作为视觉传达设计类专业实现应用型、创业型高技能人才培养的专业核心课程，《书籍设计与印刷工艺》对于产业发展、校企合作、社会培训等方面具有较强的课程辐射及共享能力。因此，书籍设计与印刷工艺涉及的设计、编排、印刷流程、材质与工艺等相关内容是视觉传达相关专业学生以及新闻出版业、印刷行业、广告公司、平面设计公司中相关从业人员所必须掌握且经常应用的专业技能。

第二节　课程设计理念

《书籍设计与印刷工艺》以服务书籍出版的策划、设计和成型的实际需求为课程开设依据，以书籍整体设计从创意构思、方案设计到印刷装订的全过程作为课程设计内容，根据高校学生认知能力规律和书籍整体设计流程、书籍元素、版面编辑、印刷工艺、印刷承印物几部分来构建课程教学内容，以实际项目为载体，使学生得以了解书籍设计，以及设计的前沿动态，实现与行业企业零距离接触。

《角》　源自设计者对平凡生活中平凡小人物生存百态的探究。分为《角JUE-工》、《角JUE-农》、《角JUE-兵》三部分。作品运用虚与实、时间与空间以及材质转换手法，"编织"出让你、我、他都能产生共鸣感的形色社会人扮演的《角》。本作品具有良好的驾驭信息传达的书籍设计的特质。社会中的平凡小角色创造出了一系列同样平凡却又出其不意的令人怦然心动的书籍形态。

《角》

设计：杨晨　王冰　黄煜峰

第一章　课程设计

第三节　教学重点与难点

　　《书籍设计与印刷工艺》教学在科学性、逻辑性、严谨性的指导下，做到设计、目的和实际应用的完美统一。重点使学生从书籍设计的设计准则入手，清晰认识书籍设计目的，学会并始终追求书籍整体设计的美学理念，熟悉并掌握印前、印中、印后的印刷工艺流程及岗位技能要求。通过课程学习培养学生的审美、设计规划与实践操作能力，以及学生对书籍设计系统性、时代性与创造性的把握能力。使学生突破传统固化的书籍设计观念，充分发挥学生的原创力，以书籍设计的审美和结构功能为出发点，设计出既具个性风格特点又满足大众需求的书籍设计作品。

　　如何在项目引导、任务驱动的实践教学体系下，达到艺术与商业、理论知识与行业需求的充分结合，并且使学生在熟悉市场，了解定位，熟悉工作流程，熟练掌握工艺材料技术，继而进行设计方案实施是课程教学的难点。

用线装书的传统装订形式演绎中国民间艺术－"风筝"主题。整书追求全书立体、灵动体现文化内涵的设计风格。通过封面和书中那些代表风筝线的虚线来传达"放风筝"的自由、放飞感觉，起到穿针引线的作用。设计者运用传统框架下融合现代视觉元素构成理念的表达方式，使得《曹雪芹风筝艺术》书籍的设计得到广泛的理解和欣赏。

《曹雪芹风筝艺术》　2006年"世界最美的书"

设计：赵健

《恋人版中英词典》 2009年"中国最美的书"　　设计：瀚清堂

第一章　课程设计

第四节　课程设置与课时分配

　　《书籍设计与印刷工艺》课程的设置，始终坚持以市场需求为导向，以职业能力培养为重点，突出学生创新精神和设计应用能力，强化实际项目在教学中的应用。按照专业能力要素模块要求，优化课程结构，更新教学内容，进行教学方法和手段的改革与创新。

项目设计实训

一、课程设置

　　《书籍设计与印刷工艺》为模块化教学。分别为书籍设计与印刷工艺技术。

1. 模块1 – 书籍设计

　　书籍设计模块通过概念、类型、要素、方法以及设计技能教学与训练，立足书籍设计的职业及其岗位要求，构架书籍设计原理及书籍设计技能的基本框架，使学生能够系统地了解书籍设计的知识和学习书籍设计的方法，掌握书籍设计准则、书籍元素、书籍版面编辑的基本方法，使学生具备书籍设计或者更为广泛的印刷品设计的基本职业技能。

2. 模块2 – 印刷工艺技术

　　印刷工艺技术模块通过印刷与装订、材质与工艺的教学，构架书籍制作工艺技术教学的基本框架，使学生能够运用相关知识，掌握书籍制作的基本方法，了解图像复制技术、书籍制版技术、书籍印刷技术、书籍装订、书籍的材料等印刷工艺环节，了解相关材料及其加工的工艺流程。

二、课时分配

1. 课程总学时分配

实际教学课时	周数/周课时	理论课	实践课
64	16/4	12	52

2. 课程模块顺序及对应的学时

| 顺序 | 课程模块 | 学时分配 | | | 小计 |
| | | 课程内容 | 学时数 | | |
			理论课	实践课	
模块一	书籍设计	书籍设计准则	4	2	6
		书籍元素	2	4	6
		书籍版面编辑	2	4	6
		实训与项目设计		14	14
		总计	8	24	32
模块二	印刷工艺技术	印刷与装订	2	6	8
		材质与工艺	2	6	8
		实训与项目设计		16	16
		总计	4	28	32

课题实训

赴各大中型书籍市场、图书城，调研当下国内外书籍设计现状；选择五种不同种类书籍进行分类对比。

第二章　设计准则

第一节　设计流程

　　书籍设计是一项系统而复杂的设计工作，从内容编辑到形式表达，从设计印刷到装订成册，所涉及领域非常广泛，且需要经过严谨而系统的设计步骤。作为设计师，掌握良好的设计方法，认识书籍的整体设计流程，使设计事半功倍。

一、设计调研与考察

　　在正式进入书籍设计前，调研与考察是投入设计工作的必要程序，是了解该书籍设计内容、设计类型、设计意图的重要前提。调研与考察的几个侧重点。

　　1. 书籍设计项目所属的文化背景或商业背景。

　　2. 书籍设计项目主题所衍生的同类型设计调查。

　　3. 书籍设计项目的设计目标或设计意图。

二、资料收集与整理

　　做好资料收集与整理，进一步理清书籍设计思路，提高设计工作效率。主要可分为两个步骤。

　　1. 文字资料梳理。依照章节目录，有序地将文字进行整理归档。

　　2. 图片资料整理。将所有收集到的图片材料，进行删选、整理、编辑、归类以及图片的后期处理，使图片效果满足整体设计要求。

"书籍设计是作者、编辑、设计师、印刷工艺等共同注入情感的生命体,是一项系统工程。"

《2008 中国美术学院传媒动画学院毕业生作品集》　　设计:宣学君
《2011 中国美术学院传媒动画学院毕业生作品集》　　设计:宣学君　杨晨曦　沈超

第二章 设计准则

三、思路构想与草拟

将思考的过程及设想以手绘草图形式表达出来，是作为职业设计师所必须具备的重要素质。在进入思路构想阶段，设计师需要充分调动设计的创想能力，从不同角度尝试解决问题的可能性。通常，设计会从书籍的整体风格入手，逐步细化到开本、结构、形式、版面，进而以相对完整的设想作为设计初步构思的开端。

四、方案设计与深化

在设计过程中，设计师需要不断改进既定的方案，并且不断地将设计方案进一步细化，做得更为精炼，直到该方案达到了设计目标水准并且被客户接受。

"有意味的形式，是一切视觉艺术的共同特性"，书籍设计需要以外在形式准确地表达出书籍内容所包含的思想，这是设计深化过程中最为艰难的步骤，同时也会是一个形式与内容相互妥协的过程。

五、设计确认与实施

设计方案经过不断推敲，得到认可和确认后进入设计的最后阶段 —— 印刷、装订、成册的实施阶段。从设计到印刷，设计师需具备专业的设计经验，判断设计过程中的想法是否能在最终印刷阶段中被完美的得以展现，这完全取决于设计师长期积累的设计经验，以及对于书籍印刷工艺的掌握程度。

《Toit Du Monde》　设计：安德烈·巴尔丁

第二章　设计准则

第二节　艺术+技术

　　书籍，文化的潜台词。她不仅延续着传统的历史文脉，同时浓缩了一个又一个时代的符号。法国学者弗雷德里克·巴比耶在《书籍的历史》一书中这样写道："书是什么？就常识而言，这并不是一个真正的问题。但是，如果说书确实是一种普遍存在的日用品，那么，它的实际存在就将它裹在诗人所描写的这件黑暗的神奇外衣里。"

　　想要做好一本书，不仅需要掌握书籍设计最基本的技法表达和印刷知识，更重要的是需要具备综合的文化素养，用艺术的方式给予书籍以诗意的表现。

一本需要边裁边看的书，使阅读有延迟、有期待、有节奏、有小憩。
书籍由读者手工自助裁开，阅读完毕书籍的质感发生变化，翻口由原来的光边变成毛边，参差不齐的瑕疵感给人残缺美的视觉享受。

《不裁》　2007年"世界最美的书"　设计：朱赢椿

"立意，孕育书籍艺术的胚胎；技术，催发书籍艺术的诞生。"

《Neo & Uddism》

课题实训

1. 搜集国内外优秀书籍设计作品，按照书籍不同题材和种类分类，以图文（要求阐述自己的观点）结合形式形成优秀书籍设计作品文本整理册。
2. 选择一本熟悉或记忆深刻的书籍，按照设计流程搜集所需素材，要求所搜集素材经过删选、整理、编辑、归类，制作一本素材文本整理册。

第三章　书籍元素

书籍设计，是在整体艺术观念指导下对组成书籍的各部分结构要素重新整理、排列、组合进行完整、协调统一的设计。是对书籍从外到内、从前到后、从外部装帧到内文版式的整合设计过程，是从内容到形式的完整设计。

第一节　开本

开本指书刊幅面的规格大小，即把一张全开纸裁切成面积相等的若干小张，将它们装订成册。在书籍整体设计之前，首先必须确定开本的大小，它对书籍设计定位起着至关重要的作用。通常，我们可以通过下面几种方式来确定开本大小。

一、结合书籍类型和特征考虑开本大小

书籍类型会给予开本设定以参考，原因在于每一种印刷品由于自身特有的定位和使用习惯，已然确立了必要的开本形式。例如：图表较多、篇幅较大的画册或厚部头著作通常会采用12开以上的大型开本；信息庞杂的杂志、教材则会采用16开的中型开本；文学书籍、手册多用32开；而某些工具书、小字典则会使用64开的小型开本等。

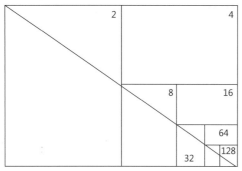

标准开数分割法

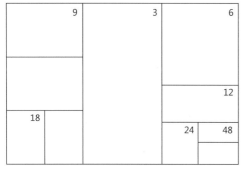

特殊开数分割法（二）

二、符合纸张利用率来决定开本类型

通常情况下，按国家标准分切好的平板原纸已充分确保了纸张尺度的高效使用，并成为书籍开本设定的一种衡量标准。从某种角度看，这是确保不浪费纸张、便于印刷以及控制印刷成本的先决条件。

不同的纸张类型具有不同的尺度大小，需要根据所选用纸张的原大小来考虑纸张的剪裁方法，这一点非常重要。

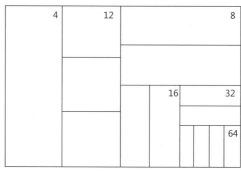

特殊开数分割法（一）

特殊开数分割法（三）

第二节　比例

比例是指部分与部分，或部分与整体之间数的比率关系。比例是一切形式产生的基础，它的产生是建立在数学和几何学的基础之上，具有庞大的体系及多种变化形式。

一、自然界中的黄金分割

古希腊的毕达哥拉斯（Pythagoras）学派认为"万物皆数"，并且认为数学的比例关系决定了事物的构造以及事物之间的和谐，提出了著名的"黄金分割"，也称"黄金比"。

二、根号比例

现代工业化生产是建立在模数基础上的，如：德国工业标准（DIN）、日本工业标准（JIS）、美国标准协会标准（ASA）。在德国工业标准中，纸张的规格使用了根号2矩形。

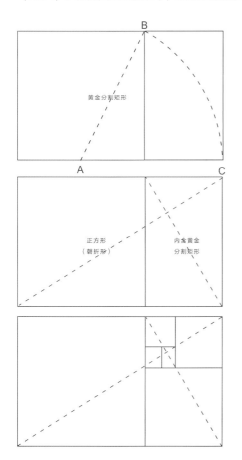

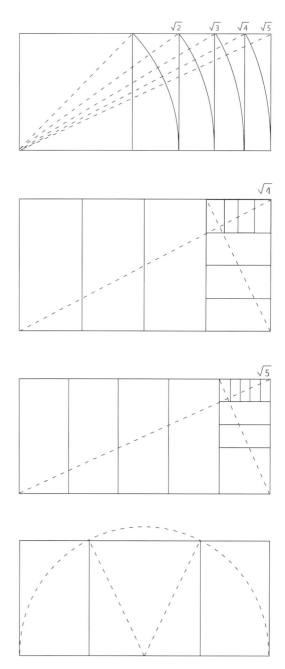

第三章　书籍元素

第三节　ISO国际标准

ISO国际标准的纸张大小被全世界各国广泛使用，它提供了一整套完整的纸张大小参考，可以满足大多数的印刷需求。ISO的纸张系统是基于2次方根的高宽比（1:1.4142）。

一、各种纸型及规格

1. A型纸

规格	[mm]
A0	841x1189
A1	594X841
A2	420X594
A3	297X420
A4	210X297
A5	148X210
A6	105X148
A7	74X105
A8	52X74
A9	37X52
A10	26X37

2. B型纸

规格	[mm]
B0	1000X1414
B1	707X1000
B2	500X707
B3	353X500
B4	250X353
B5	176X250
B6	125X176
B7	88X125
B8	62X88
B9	44X62
B10	31X44

3. C型纸

规格	[mm]
C0	917X1297
C1	648X917
C2	458X648
C3	324X458
C4	229X324
C5	162X229
C6	114X162
C7/6	81X162
C7	81X114
C8	57X81
C9	40X57
C10	28X40
DL	110X220

"书籍设计师应具备三个条件:一是好奇心,即强烈的求知欲;二是理解力,即具有丰厚的知识积累并善于分解、梳理、消化、提炼并运用到设计中去;三是跳跃性的思维,即异它性及出人意表的思考与创意。"

二、书籍开本比例

标准尺寸:下表详细列出了标准的书籍大小,并且给出了它们共同的名字和具体的尺寸。

开本规格	高度X宽度	开本规格	高度X宽度
Demy 16mo	143mmX111mm	Foolscap Quarto (4to)	216mmX171mm
Demy 18mo	146mmX95mm	Crown (4to)	254mmX191mm
Foolscap Octavo (8vo)	171mmX108mm	Demy (4to)	286mmX222mm
Crown (8vo)	191mmX127mm	Royal (4to)	318mmX254mm
Large Crown (8vo)	203mmX133mm	Imperial (4to)	381mmX279mm
Demy (8mo)	213mmX143mm	Crown Folio	381mmX254mm
Medium (8mo)	241mmX152mm	Demy Folio	445mmX286mm
Royal (8vo)	254mmX159mm	Royal Folio	508mmX318mm
Super Royal (8vo)	260mmX175mm	Music	356mmX260mm
Imperial (8vo)	279mmX191mm		

第三章　书籍元素

第四节　书籍结构要素

　　书籍结构要素包括护封、腰封、封面、书脊、环衬、护页、扉页、版权页、前言页、目录页、内页、封底、书函等。每一项相对独立的书籍结构要素形象，都在为书籍内涵与读者心灵的契合、书籍形式的创新表达以及书籍作为文化载体的传承而服务。

　　了解书籍结构要素名称、设计概念、形象特征和应用材料有助于书籍设计师全面掌握书籍设计中的细节要素，为创造性地设计书籍整体形象服务。

书籍结构示意图

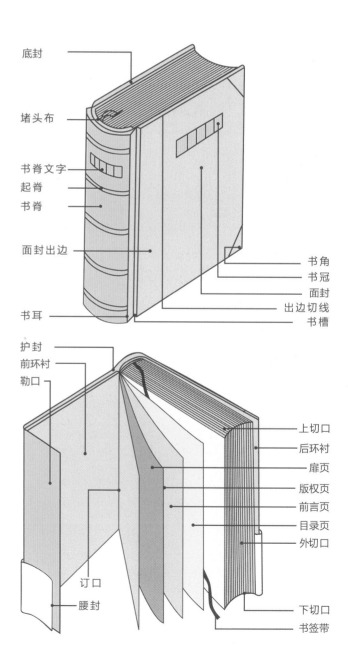

"书籍是将信息视、听、触、嗅、味五感活性化的宇宙。"

一、护封

护封是精装书封面的外皮，一般用于精装书或经典著作。也称封套、全护封、包封或外包封。是包在书籍封面外的另一张外封面，书籍设计的重要组成部分。它由面封、底封、书脊和前后勒口构成。护封具有保护装饰封面、展示书籍文化和传递书籍信息的功能。

文字、图形、色彩、构图、材料是护封设计的五个设计要素。在护封设计中需要运用原著触发的想象力和设计思维，构成书籍读物的启示点。在此基础上，把五要素进行创造性的复合，再采用超常规的思维、凝练的色彩与图形、强烈视差的文字排列、材料的选用等手段带给读者以强有力的视觉效果。

应用于护封设计的材料以纸张居多，有铜版纸、亚粉纸或硫酸纸。以硫酸纸为例，硫酸纸朦胧而不沉闷、舒雅而不冷漠，与朦胧显现的封面文字与图形形成丰富的视觉效果，可以更好地突出和烘托主题，带给读者丰富的阅读情趣。除纸张外，应用于护封设计的还有各种织物、人造革、皮革、合成树脂纤维等材料。

好的护封设计，必须以书籍主题内容为前提，在护封设计要素的运用上赋予变化，以增强书籍作为文化载体的审美情趣和文化品质。

《中国桥梁建设新发展》 设计：赵清
《手稿卷》 设计：杨林青
《Museum Siegen》
《Ausstellungskatalog》

第三章　书籍元素

《Seeing London Through The Eyes Of A Designer》　设计：blanka kvetonova

二、腰封

腰封也是护封的一种特殊形式。是包裹在书籍护封或封面外的一条腰带纸，只及护封或封面的腰部，称为腰封，也叫半护封。腰封的宽度一般相当于书籍高度的三分之一，也可根据设计师的设计意图调整；其长度则必须达到不但能包裹面封、书脊和底封，还需要有前后勒口。根据书籍设计的需要可在腰封上增加与该书籍相关的宣传、推介性文字以及书籍补充内容介绍。

腰封主要起装饰护封或封面，以及补充其不足的作用。一般多用于精装书籍。

▶

《静静的山》　设计：张志伟 邢美丽 知墨春秋设计工作室
《Redesearte Paz》
《Gusto – Journey Through Culinary Design》　设计：王绍强 牛慧贞
《Eat Me》
《14/41 – 14 Years 41 Logos Book》　设计：Mash Creative
《One Beautiful Adventure》　设计：Alexandre Vicente

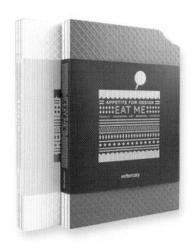

第三章　书籍元素

三、封面

封面也称"书封"、"封皮"。它是书籍的门面，也就是书籍的外貌。书籍的封面一般可分为面封（前封面）、封二（封里）、底封（底封面）、封三（底封里）和书脊（脊封）五个部分。

封面所标示的图书属性。

1. 面封应该印有标题、副标题、作者名以及译者名和出版社；多卷书需印卷次；丛书要印丛书名；翻译书籍应在原作者名前注明国籍。

书籍标题是文章之首揭示和概括篇、章、节内容的简练文字。是书籍正文版式中的点睛之笔。它不是独立存在的，它的处理必须与其他内容有机地结合在一起，并予以统筹考虑。标题的设计一般包括：标题的字体、字号设计；标题在版面上的位置；标题的排列形式；标题的艺术效果等。

2. 书脊的内容和编排格式由国家标准《图书和其他出版物的书脊规则》（GB／T 11668-2001）规定。

3. 底封上应有书号、条码和定价，也可印上编辑、校对、装帧设计责任人员名。

4. 书籍的封二、封三一般保持空白，但也可根据整体设计的需要，设置一些文字（尤其是与书籍宣传有关的文字）、图形或装饰图案等。

《观看的方式》
《恋人絮语》
《另一种影像叙事》
《张才》

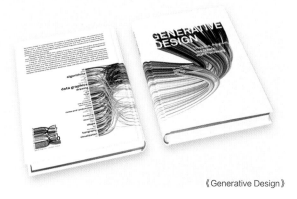

《Generative Design》

《书戏》 设计：吕敬人

第三章　书籍元素

四、书脊

　　书脊又称封脊，是连接面封和底封，使书籍成为立体形态的关键部位。书脊是封面的组成部分，它处于面封和底封之间，遮护着订口，处于书籍的背侧。书脊的厚度要计算准确，这样才能确定书脊上字体的大小字号，设计出符合设计需要的书脊。宽度大于或等于5毫米的书脊，均应印上主书名、副书名、出版社名（或出版社logo）、作者和译者姓名。通常书脊上部放置书名，字较大；下部放置出版社名，字较小。多卷书的书脊，应印该书的总名称、分卷号和出版者名，但不列分卷名称。丛书等系列书的书脊，应印上丛书名和出版者名，多卷成套的要印上卷次，便于读者在书架上查找。设计时还应注意书脊上下部分的文字与上下切口的距离。

　　厚本精装书的书脊还可加上装饰图案，采用丝网印刷、烫金、压痕诸多工艺来处理。

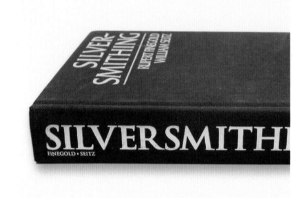

《Silver Smithing》

《圆与方》　设计：松田行正

《Illustration · Play》

《芝加哥字体展画册》

第三章 书籍元素

五、环衬

又称环衬页，是面封后、底封前的空白页，是连接面封、底封与书芯的两页四面跨面纸。连接扉页和面封间的称"前环衬"，连接正文和底封间的称"后环衬"，它们起着由面封到扉页、由正文到底封的过渡作用，是书籍的序幕与尾声。

精装书籍都是双环衬，环衬是精装书和串线订中不可缺少的部分，它能对硬封包过来的材料起装饰收口作用；简装书中有一定厚度的书籍也采用单环衬，一般叫做衬纸，它能使封面翻折平整但又不起皱折。

环衬页的设计根据书籍的整体设计来考虑，构图的简单和繁复处理、色彩的色调明暗和强弱，应与护封、封面、扉页、插图和正文等的设计相协调统一，并要求有节奏及层次感。文化艺术类书籍中，在环衬页上常使用图案、织物纹样等进行装饰；青少年读物和惊险小说，在环衬页上绘制书中人物的插图，会得到青年读者的认同；也有把与书籍内容有关的地图、绘画、摄影作品或作者的手稿绘制在环衬页上的，如：在旅游书籍的环衬页上绘制精美的游览图等。

六、护页

在环衬页之后，为护页，护页一般没有任何印刷信息，只印染一个底色。

《Verlag Hermann Schmidt Mainz》
《2012年德国设计奖作品集》
《剪纸的故事》2011年"世界最美的书" 设计：吕旻 杨婧

"书籍设计，需要从深度考虑，从文化，从历史，从民族特征当中挖掘其内涵。"

《Des Wahnsinns Fette Beute》
《Jewelry Concepts And Technology》

第三章　书籍元素

七、前言页

前言页又称"序"、"序言"、"引言"，放在正文前页。通常用来说明作者的创作意图与创作经过；也有他人代写的，多用来介绍和评论本书内容。常见的有作者序、非作者序言和译者序三种。

1. 作者序

作者序是由作者个人撰写的序言，一般用以说明编写该书的意图、意义、主要内容、全书重点及特点、读者对象、编写过程及情况、编排及体例、适用范围、给读者的阅读建议、再版书籍的修订情况说明、介绍协助编写人员及致谢词等。标题一般用"前言"、"序言"或"序"。

2. 非作者序

非作者序言是由作者邀请知名专家或组织编写本书的单位所写的序言，内容一般为推荐作品，对作品进行实事求是的评价，介绍作者或书中内容涉及的人物和事件。标题用"序"或"序言"，文后署撰写人姓名。非作者序一般都排在目录及作者前言之前，如果为丛书写序，也排在丛书序之前。

《Illustration · Play》

《曹雪芹风筝艺术》2006年"世界最美的书"　设计：赵健
《漫游：建筑体验与文学想象》　设计：欧宁

八、扉页

扉页也称内封、副封面。即面封或环衬页之后，目录或前言之前。扉页基本构成元素是书名、副书名、著译者姓名、校编、卷次及出版社。

扉页一般以文字为主，字体不宜太大，主要采用与面封字体保持一致的字体。扉页的设计应当简练，并留出大量空白，作用是使读者进入正文阅读之前心理逐渐趋于平静，也提供给读者以遐想的余地。扉页设计多采用高档单色或有肌理效果甚至有清香味道的色纸；有的还附加一些装饰性的图案或与书籍内容相关并有代表性的插图设计等。这些对于爱书之人无疑是一份难以言表的喜悦，无形中也提高了书籍的附加值，从而吸引更多的购买者。

《Um Caso Especial》 设计：Atelier Martino&jana
《An Anthology Of Triple Canopy》
《静静的山》 设计：张志伟 邢美丽 知墨春秋设计工作室
《怀袖雅物——苏州折扇》 设计：吕敬人 吕旻

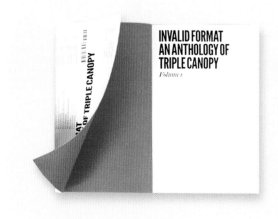

第三章　书籍元素

九、目录页

目录页是书籍章、节标题的记录，与页码同时使用，显示书籍结构层次的先后，起到主题索引和纲领的作用。目录页的设计要求条理清楚，便于读者查找并有助于读者迅速了解全书的层次内容。目录一般放在扉页和前言之后，书籍正文之前，也可以放在正文之后。目录的字号大小一般与正文相同，大的章节标题字体可适当大一些。

十、版权页

版权页也称版本记录页。版权页是一本书的出版记录及查询版本的依据。版权页应按国家统一规定、统一项目与次序设计。版权页一般在正文之后空白页的反面，也可放在扉页的反面。

版权页设计的关键在于项目的完整性。版权页上往往放置国家统一书号、责任编辑、设计者、译者、原版书名、作者、出版、制版、印刷、发行单位、开本、印张、版次、出版时间、插图幅数、字数、印数、书号和定价等信息。

各项信息应根据该书籍实际情况按照规范准确反映。举例说明：版次，表明图书版本的变化。第一次出版叫"第一版"或"初版"；如内容有重大修改，重新排印叫"第二版"，以此类推。凡不涉及内容变动的均不作版次变更，只作印次的变更。印次，即图书印刷的次数。从第一版第一次印刷计算，每重印一次都要累计表明，如：第一版印五次，第二版印刷就叫第六次。印张，即印刷用纸的计量单位。一张全开纸有两个印刷面，即正面、反面，规定以一张全开纸的一个印面为一印张，一全开纸两面印刷后就是二个印张。印数，指一本书籍印刷的累计数。如：某书籍在第三次印刷时，印数为"27001—47000"，即表明前两次已印刷过27000册，这次从27001册算起，又印了20000册，累计数是47000册。

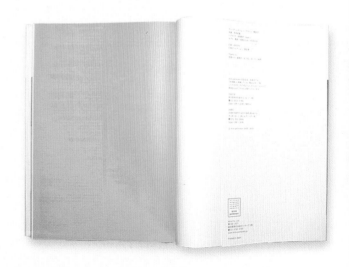

"书籍设计使无生命体得到生命。"

《K-West》杂志
《书籍设计与印刷工艺实训教程》　设计：徐健
《Novum》杂志
《Mina》
《Branding Design 3》　设计：佐藤可士和
《亚太设计年鉴》　设计：许礼贤、张涛、林亮

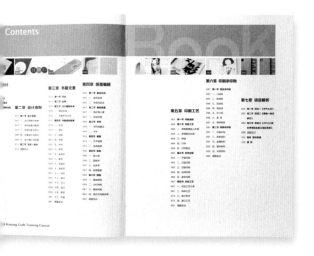

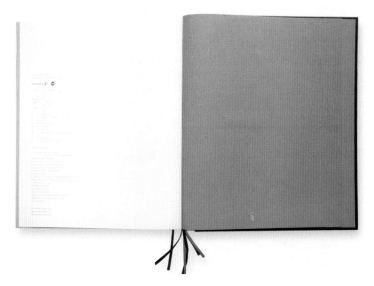

第三章　书籍元素

十一、内页

1. 天头、地脚

天头是指书页上端的空白处，即书籍正文最上方一行字的字头到书帖上面纸边之间的这一段。地脚是指书页下端的空白处，即书籍正文最下方一行字的字脚到书帖下面纸边之间这一段。

中国古装本书和线装书的天头空白大于地脚，而现代书籍通常上下相等，或地脚空白大于天头。

2. 书眉

排印在书籍版心上端或下端的篇名、章名、节名或书刊名，多与页码排成一行，以便读者翻检，称为书眉。

一般来说，篇章节较多的书籍都会排印书眉，通常双页码排篇题，单页码排章题；字典、词典等工具书的书眉，为了便于检索大多排有部首、笔画、字头等；艺术类、文学类以及儿童类书籍的书眉还可以加入一些简单的图形进行装饰，以提高阅读的趣味性。

书眉所用字号一般比正文字号小，字体可以变化。书眉下方或书眉后居中用一条线与正文隔开，该线称之"书眉线"，其长度可与版心宽度相同，也可小于版心宽度。书眉文字过长的，可做适当删节，但全书必须保持一致。

书眉除具有方便检索查阅的功能外，还具有装饰作用。一般书眉只占一行，并且只是由横线及文字构成；也可运用图形、图案设计书眉。总之，书眉的设计要保持与书籍设计风格的一致性，力求给读者以美的视觉享受。

3. 页码

亦称面码。是书页顺序的标记，用以统计书籍的页数。它方便读者查检，对书籍的序列结构有连接作用，可避免书页印装时前后颠倒，发生差错。

页码一般排在版心的下端，靠近切口处；也有排放在版心的左上或左下角；或是版心左右白边的中间部位，甚至是版心里面；有书眉时，页码与书眉可排在同一行。

页码可分为单页码、双页码、正文页码、辅文页码和暗页码等。页码一般从书籍第一页开始到书末最后一页连续编号，遇到篇、章则另页排，为整面的超版口图表；章末的空白页则不排页码，而用暗页码，即页码连续计数，但不印出，空白页所占的暗码也叫空码。页码使用的字号、字体应根据书籍的性质、开本和版式确定，可运用图形、线条对其进行装饰，但都应以简洁、清晰为原则。

▶

《范曾谈艺录》是一本学术论著，大气而细腻，古朴而现代。设计以纯文本叙述的简约表达定位，改变习惯的版式排列模式，采取出人意表的构成划分，有序而整体移动文字群，留出较大空白以实现眉批功能，达到方便阅读的目的，并产生全新的书籍审美感受。

《范曾谈艺录》　设计：吕敬人

第三章　书籍元素

《剪纸的故事》2011年"世界最美的书"　　设计：吕旻　杨婧
《文爱艺诗集》　　设计：刘晓翔　高文

十二、勒口

勒口又称折口，书籍勒口是书籍的面封和底封的书口处延伸若干厘米，再将封面沿书芯前口切边向内折齐的一种设计形式。书籍的勒口可宽可窄，一般以封面宽度的二分之一左右为适宜。精装书籍的封面或者护封必须有勒口，为书籍增添华贵之美；简装书籍设计勒口，能增强封面的硬朗与坚实度。

勒口的设计起到装饰或延伸封面主题内容和元素，使读者在翻阅书籍时，充分享受流动的视觉审美；增加面封和底封沿口的牢度；保持封面平整、挺括、不卷边；放置作者肖像、作者简介、内容提要、故事梗概、丛书目录、图书宣传文字等作用。

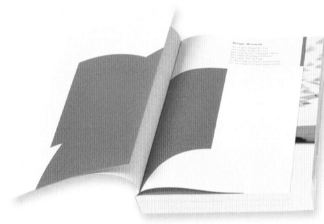

《不裁》2007年"世界最美的书"　设计：朱赢椿

《Design Research》展览画册

《Illustration · Play》

第三章　书籍元素

十三、订口

订口指书籍装订处到版心之间的空白部分。订口的装订可分为骑马订、无线胶订、锁线胶订、塑料线烫订等。横排版的书籍订口多在书籍的左侧，直排版的订口则在书籍的右侧。

《剪纸的故事》2011年"世界最美的书"　设计：吕旻　杨婧

《曹雪芹风筝艺术》2006年"世界最美的书"　　设计：赵健

第三章　书籍元素

《Small Studios》　设计：何见平
《文爱艺诗集》　设计：刘晓翔　高文
《曹雪芹风筝艺术》2006年"世界最美的书"　设计：赵健
《剪纸的故事》2011年"世界最美的书"　设计：吕旻　杨婧
《Evelin Kasikov》

《特技 Specialprinteffects》
《Fab·365》　　设计：Studio Lin
《国际平面设计师一百单八将》　　设计：何见平

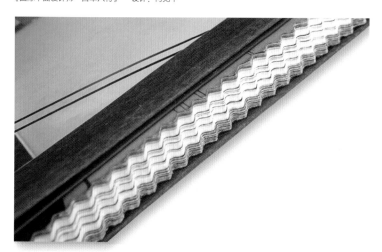

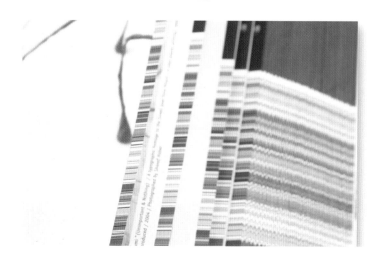

十四、切口

切口是指书籍除订口外的其余三面切光的部位，分为上切口、下切口、外切口。

如何设计书籍的切口？

1．改变切口的形态。切口形态依附于书籍的整体形态，书籍的裁切、装订和折叠形式的变化均能导致切口形态的变化。现代书籍的切口已不拘泥于特定的形状，可能规则，也可能不规则；可能在一个平面，也可能不在一个平面。

2．材料的表达。书页在翻动时会带给人们触觉上的感动，准确选择与书籍内容相适应的纸张材料，会使切口产生非同寻常的表现力，如：光滑与毛涩、平整与曲散、松软与紧挺等，不同的质感可展现切口不同的韵味。

3．利用切口面组成画面。作为书籍六面体形态的其中三个面，切口也是文字、图形和色彩的载体。在整体设计时考虑到裁切后书籍切口的形态表达，把图形、色彩、文字等元素符号由版面流向切口，作为图形、色彩的延续，能充分体现信息符号在书籍整体流动传递中的作用及渗透力，从而起到意料之外的效果。

切口设计需要专业的装订和印刷技术来支持，具有一定难度，但只要我们在对书籍进行整体设计时有意识地关注，不断尝试与探索，相信一定能使书籍整体美发挥到极致。

第三章　书籍元素

十五、底封

底封也是书籍整体美的延续，是书籍的重要构成元素，是面封、书脊的延展与补充。底封的右下角通常印有书号、定价、图书条形码；有的还印有内容提要、作者介绍、责任编辑、装帧设计者、出版社及其他版权信息。

底封设计应注意的事项。

1. 与面封的统一性和连贯性。面封与底封是一个整体，优秀的底封设计可以延伸面封的设计美感，它们共同承载着表达书籍整体美的任务。底封的画面效果要与面封统一协调，其图形、文字、编排不一定完全相同，但应与封面相互呼应。

2. 与面封的主次关系。底封与面封有着各自不同的功能，底封是一本书籍结束的标记。面封是先声夺人的，有时也是张扬的，它需要尽情地展示自己；而底封不在于炫耀，而是隐匿在书籍整体美之中。设计时应把握住面封、底封的主次关系，对于画面的轻、重、缓、急都应仔细斟酌，在统一中寻找对比，满足整体关系的前提下，呈现底封的独立展示效果。

3. 应充分利用底封版幅来宣传图书及出版单位。底封与面封的形象要始终保持相互协调呼应，扩大书籍视觉的展示篇幅，运用底封的设计信息补充面封上的信息不足，充分表达书籍的思想和理念。

《Possibilities & Losses》
《Canongate Books》
《Supergraphics》
《Illustration · Play》
《小星星通信》　设计：Typo_d
《Basler Zeitung》　设计：Andreas Hidber

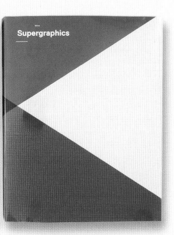

第三章　书籍元素

十六、书函

　　书函又称为书帙、函套、书套或书衣。包装书册的盒子、壳子或书夹统称为书函，即保护书籍的匣。在精装书、系列书和特种书的出版中常用。简装书由于需节约成本，扩大销量，所以通常不会设计书函，但现代简装书籍设计中也在部分运用书函设计，以创造出新颖出彩的设计效果。书函对于书籍有着保护和便于存放的功能，同时，书籍的精美、细致和考究之感得到尽情展现。

　　书函的形态有以下两种：一种是书函内只放一本书，这种书函的大小、厚薄必须与书籍大小、厚薄相一致；另一种是书函内放多本书籍，如：传统线装书、现代版系列精装书籍等多采用这样的书函设计。

　　在书函的版面编排设计上，要求必须与封面设计的整体风格与质感和谐统一。如运用较厚的纸板制作书函，图形面积最好控制在不超过开本面积的1/3，图形可以采用印刷、模切、烫印等加工工艺来实现。另外，在书函背面一定要有方便找到的条形码，便于书籍购买时条码的识别。

📖 课题实训

1. 通过对大中型书籍市场、图书城或图书馆的调研，观察书籍陈列形式，分析书籍各结构要素的作用。
2. 选择一本书籍，熟悉各结构要素的功能及设计要点，并对其进行全面的分析与评价。
3. 自选一本书籍，对其进行改良设计。
   实训要求：书籍题材和种类不限；开本大小不限；充分体现书籍结构各要素间的关系；材料不限；手工实验书。

《Jetlag》　设计：Alessandro Gottardo
《"Decorate your own soul" – A book project》　设计：Nadine Leduc
《The Secret Garden》　设计：Michael Goodman
《D&ad Annual》
《Lub Alin》

041 / 042

第四章　版面编辑

"书籍从书稿向书的转变过程中,设计师不仅是将书稿编排整理变成印刷文字的中间环节,也是从无形状态的内容到有形立体产品的中间环节;既是书籍的形象设计师,也是书籍的立体形态工程师。从印前的编辑制作到印后的加工装订,设计师应起到桥梁、纽带作用。"

版面是书籍视觉呈现的主体构架。可以说，一本书绝大部分的设计内容在于如何"摆放"眼前的这些文字和图片，梳理所有的信息，使之成为富有独特价值的"生命个体"。基于此，掌握版面编辑的基本原理，并从中逐步建立个人的版面编辑应用技巧，是学习书籍设计过程中非常重要的环节。

◀《圆点野舞 草间弥生作品巡回展》　设计：黄姗姗
▼《Architecture Bulletin 03》

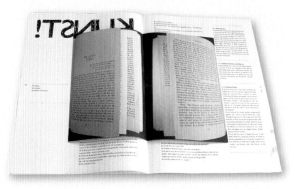

第四章　版面编辑

第一节　叙述方式

书籍具有时间的特性，能使我们回顾过去且预示未来。这很大程度依赖于书籍不同的叙述方式，它的叙述方式直接诱导读者以一种特定方式来完成对一个文本的解读。因此，一件好的书籍设计作品不仅仅以解决视觉形式作为简单的设计目标，还应包含意识形态、社会学、心理学等层面的综合理论内容，是从内容外化到形式的整合体。

一、书籍编辑基本结构

书籍设计师在掌握大量书籍主题信息内容以及对于文字与图片资料进行整理归档等后期处理后，对书籍编辑应该有一个清晰的思路。

一般来说了解书籍编辑的基本结构主要需要如下几条。

1. 把握书籍设计各元素与版面空间关系。版面编辑是将文字、图片等大量元素聚集并对其进行全面的审视、分析、排列、重组的过程，必须清晰思考其内在的含义和相互的关系。

2. 元素的解构与重构。设计师在运用文字和图片元素进行版面编辑时，需要以精确表达内容的设计视角来解构及重组各元素，包含各级标题与正文字群的关系、天头与地脚间的空间版式比例，以及诸如页码位置、段落定位、行距与字距的空间关系等。元素的解构与重构应以设计师对作品内涵的深刻理解为前提。

3. 善于驾驭时间与空间。书籍被阅读过程中存在不可逆转的时间性，而这必然会成为长度不一的时间线，读者需要在逻辑的引导下才能确定阅读的先后顺序并形成一条时间线索。因此，书籍版面编辑实际是设计师在与书籍主题思想、文字图片、版面空间对话的过程中，突破文字、图片等视觉形象的常规化表现，对其进行视线流动化、时空层次化、信息诱导与渗透化等一系列的时间空间构造处理，实现静态至动态的演变，书页的翻动过程既蕴含着时间的矢量，还承载着空间概念。书籍编辑的结构定位决定了一本书的阅读基调。

二、线性叙述

线性叙述，表达的含义是逐渐递进、层层展开，有序地从最开始到最后一页，清晰而流畅地交代文本的每个章节。

三、非线性叙述

非线性叙述方式，包含了各种叙事的可能性，可能是双轴性叙述，可能是跳跃性叙述，也可能是逆向性叙述，这些叙述方式直接导致了阅读的不同方向。

◀ 《小星星通信》 设计：Typo_d
▼ 《Five Themes》

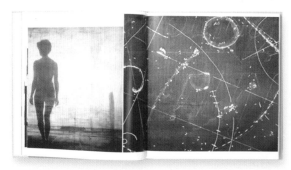

第四章　版面编辑

第二节　视觉原理

在了解版面编辑的具体设计技法之前，我们有必要先掌握视觉原理中最为基础，也最为重要的两个概念，分别是格式塔心理与视觉流程。对于这两个从视觉心理学衍生出来的独特理论，不仅从根本上解释了一系列形式现象与关系，并成为现代视觉形式研究的普遍基础。了解其视觉原理的基本规律，将会使我们以崭新的视觉思维方式来看待版面编辑。

一、格式塔心理

格式塔一词源于德文Gestal的音译，在德文中指形式、形状、方式、实质。

格式塔心理学产生于20世纪初，该学派主张知觉高于感觉的总和，强调经验和行为的整体性。因此，针对版面编辑，我们需要深入了解格式塔心理学所形成的视觉原理给版面设计带来的重要影响。

格式塔心理

左图示意相同性质的元素更容易组成一组。红黑圆点之间的关系更易被看作为两个红色圆点和两个黑色圆点的并置关系；右图示意在完全没有任何空白的页面会给人带来一种压迫感，常常让人看得很疲劳。明亮色调的图片可以使人轻松愉悦，反之，会给人带来压迫感。

左图由虚线构成，但人们仍会根据每一截线段的内在关联性把它"完形"成一个长方形；右图中即便出现缺口人们也还是会把它看作长方形。说明人们更容易根据整体与局部之间的关联性来进行视知觉活动。

二、视觉流程

视觉流程的形成是由人的视觉特性所决定的。通常情况下人的眼睛只能集中于一个视觉焦点，在阅读信息时，视觉总是会自然产生流动的习惯，根据版面节奏而形成视觉阅读的秩序。

成功的视觉流程设计，能主动引导观者的视线按照设计师的设计意图，以合理的顺序、快速的途径、有效的感知方式去获得最佳的视觉效果。

视觉流程

左图示意为现代人类从左往右、从上至下的下意识的视觉动线；右图示意为视觉优先的Z型视觉动线。

除了下意识把左上角作为起点，视觉动线还受到"视觉重量"的影响。通过对版面内各元素视觉重量调控（包括面积对比、墨度对比、元素内容性质对比等）都可以有意识地控制观者的视觉动线。

047 / 048

《MCQueen》 设计：李燕程

第四章　版面编辑

第三节　字符

字符是版面编辑中最小的基础单元，却是版面中最基础、最灵活的视觉元素。中文字符与外文字符各具不同的使用习惯，需要我们对这两种不同的字符体系加以区别认识并实现应用。

一、字符测量法

字符的大多数测量法都是由昔日热字符时代传承下来，保留了以点和十二点活字为单位进行测量的习惯。

传统测量的基本方法有以下三种。

点（Point）——72点等于1英寸（1点是1/72英寸）。

十二点活字（Pica）——6个十二点活字单位等于1英寸（1个十二点活字单位是1/6英寸）。12个点等于1个十二点活字单位。

版面测量法——通常以英寸为单位测量版面尺寸。例如：一个版可以是7×10英寸（首先表示宽度，其次表示长度）。字体范围（版面尺寸减去栏外空白）通常用十二点活字测量。对于在四周都带有半英寸栏外空白的7×10英寸版面，字体范围为36×54个十二点活字单位。

二、字号

字号为表示字体大小的术语，指从文字的最顶端到最底端的距离。通常采用以号数制为主、点数制为辅的混合制来计量。点数制：也称磅数制，国际通用的铅字规格单位。英文Piont的译音，缩写为P，印刷专用尺度。1点（1P）=0.35146mm；号数制：计算活版铅字规格的单位。扁字体按宽度计算号数，长字体按长度来计算号数。运用不同字号文字进行版面编排能够突出正文、主次分明、层次清楚、色调和谐匀衡，从而营造出良好的版面构成视觉效果。

号数	点数	尺寸（mm）
初号	42	14.7
小初号	36	12.6
一号	26	9.1
小一号	24	8.4
二号	22	7.7
小二号	18	6.3
三号	16	5.6
小三号	15	5.3
四号	14	4.9
小四号	12	4.2
五号	10.5	3.7
小五号	9	3.2
六号	7.5	2.6
小六号	6.5	2.3
七号	5.5	1.9
八号	5	1.8

《台北道地地道北京》　设计：Non-design
《Tokyo Tdc》　设计：Dainippon Type Organization
《Guimaraes Jazz》　设计：Atelier Martino&jana

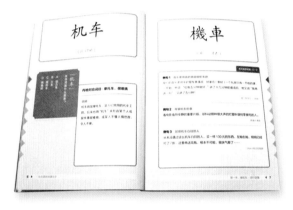
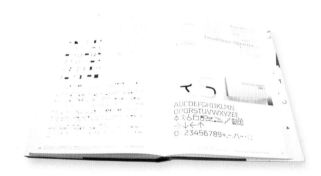

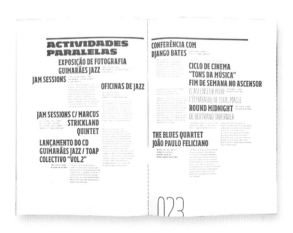

第四章　版面编辑

"书籍设计是'构造学',其本质是一项整体构想过程。设计对书籍成品而言只完成'施工蓝图',必须通过印刷工艺的转换才能称之谓'书'。"

三、印刷字体

指供排版印刷用的规范化文字形体。无论中文印刷字体还是西文印刷字体背后都具有深厚的历史传承和文化底蕴。因此,在版面设计中,印刷字体设计的运用是体现设计师设计素养高低的重要标志。印刷字体应用在相当程度上决定着出版物的设计品质。

最初的印刷字体是雕版时用的字体。现在应用的印刷字体可归纳为以下几种。

1. 中文字体

中文字体是由象形文字经过长期发展简化而来,但仍然保留了象形文字象形和会意的特征。在长期使用过程中,主要形成了楷、宋、黑等几种不同的字体造型,适用于不同特征的出版物类型。

楷体:印刷用的楷体由楷书发展而来,又称"软体字"。唐代专责抄写佛经的"写经生"参照楷书来抄写,逐渐形成的一种"汉字写书体"。字体笔触柔和悦目,常用于排标题、教材、请柬等。

宋体:也称"老宋"。雕刻师雕刻书版时,参照唐代书法家颜真卿、柳公全、欧阳询的楷体,开始形成宋体字。刻工为方便和增加速度,逐渐写成横细竖粗,转折棱角、"非颜非欧"的宋体字。字体端正、横划幼、直划粗,浓淡适中,刚柔相济,常用于排正文。

仿宋体:杭州人丁善之和丁辅之在1916年,参照清代刻本《生柏庐治家格言》的字形、笔形设计,刻仿宋造字,命名"聚珍仿宋"。字体整齐美观,排印书籍,最为实用。

黑体:又称"等线体"、"方头体"。日本昔日对各种洋货商标上的拉丁文造型很感兴趣,于是借鉴产生汉字黑体。20世纪30年代,日本黑体传入中国,为中国四大印刷字体之一。字体粗壮、厚实、醒目。笔划粗幼,横直相等。常用作标题字,线条较幼的笔划也可用来排正文。

2. 西文字体

西文字体通常以不同字形来分类,不同的造型特点,形成了各种各样种类极为丰富、繁多的西文字体,各种字体充分体现了设计者的个性,形成了各自的风格和特点。

自20世纪以来,西方字体世界逐渐形成了两大字体家族:饰线字体和非饰线字体。饰线字体作为一种传统的手写字体自19世纪以来就成为欧洲字体的主流,经过几百年的发展和演变形成了众多的字体家族,如Bembo、bodoni、Caslon、times等。非饰线字体,它是现代工业的产物,作为现代工业社会的象征,客观、简洁、无装饰。它最主要的特征是无装饰,笔画等粗,非饰线字体从诞生以来经历了很多代设计师的努力和发展,从而形成了一个庞大的字体家族,其中最为著名的非饰线字体有Akzidenz grotesk、Futura、Gill 、Helvetica、Univers等。

▶ 现代的设计方式演绎青春版《牡丹亭》。设计师在字符的选择上运用了廖精宋,特别体现出《牡丹亭》的人文气质和书卷气息。

《牡丹亭》　　设计:王琰

051 / 052

《Design Research》展览画册

第四章 版面编辑

四、创意字体

创意字体是设计师凭借超凡脱俗的想象力，通过针对字体的笔画、结构、形态的变化原则以及各种形态间巧妙的组合与变换，以艺术的手段对字体进行变形、美化、装饰，视觉反映出其独特性与艺术美。正如书籍封面与内页充分契合书籍主题思想表达恰如其分表现的创意字体。设计师们借以"玩"字的心态来进行创意字体表现，赋予字体别具一格的表现力与生命力。

五、段落编辑

段落是书籍文字内容和主题思想各阶段的变化与衔接、停顿与回味。通常一本书籍中文字的思想与内容的变换与转化，总是在段落编辑的过程中得以实现，读者也是通过段落编辑实现阅读后的停顿与回味思考。段落中字体间的空间、线条、栏位、行间、大小、粗细等各种编排与组合关系产生的黑、白、灰层次形成了版面空间次序，形成视觉拓展，从而使书籍产生良好的视觉传达效果。因此，段落编辑既是书籍结构的需要，也是读者阅读的需要。

《Trigger》 设计：Nick Schmidt
《We》杂志
《Wallpaper》
《Punkt》

053 / 054

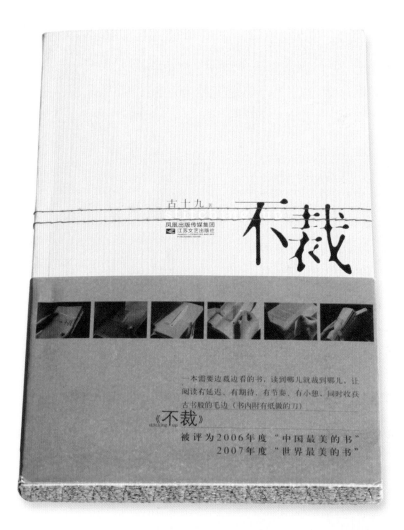

第四章　版面编辑

第四节　插图

插图是版面编辑中重要的构成元素之一。书籍中的插图不仅以图像的方式解说文字内容，更是以一种图式的视觉逻辑贯穿于书籍的整个脉络，从而构成书籍的整体风格。一位设计师如果懂得如何选用哪种视觉载体来传递文字信息，就会有助于创建出一份易于阅读的出版物。

一、视觉引导

视觉引导对于设计作品信息的传达至关重要，直接影响受众的视觉审美行为和作品信息的快速传达。书籍设计中的视觉引导在结合人们视觉心理的基础上，运用由左而右、由上而下、由大而小、由简而繁、由图而文的基本视觉习惯和阅读规律，可形成符合常规的、流程式的视觉阅读引导和节奏；为增强版式的表现力，增强版式视觉强度，可突破视觉常规习惯，依据主题内容，依据阅读流向的需要调整合理的角度，调整文字块方向，发挥视觉引导的重要作用；版式节奏的变化包括版式整体的节奏，也包括体块的内部节奏。版式整体的节奏是通过版面中各文字体块及图形的关系而呈现，体块内部的节奏则是通过构成一定整体元素间的变化而形成。通过信息体量的变化、文字间距的调整、字体异同的设置以及包括色彩、图形、方向等因素的影响以达到版式节奏的变化形成视觉引导。

《中国美术学院传媒动画学院毕业生作品集》　　设计：杨晨曦

第四章 版面编辑

"万事万物都有主语,森罗万象如过江之鲫,是一个喧闹的世界。一个事物与另一个事物彼此重叠层累,盘根错节,互为纽结,连成一个网。它们每一个都有主语,经过轮回转生达到与其他事物的和谐共生,即共通的精神蕴涵。"

二、艺术插图

艺术插图是为书籍主题内容专题创作予以解说的艺术形式,包含了摄影照片、图形图像、手绘插图等多种表达手段。设计师通常会以出版物的核心内容为主体而选定插图形式,作为视觉的呈现方式。但无论以何种形式出现,插图终以还原真实、提升吸引、彰显艺术而存在。

三、信息图表

照片帮助读者获得对事实所做的视觉评价,而信息图表则帮助读者理解巨大的、无形的或者隐藏着的事物,它常常可以帮助读者追踪随时间变化的趋势。信息图表将负责的信息通过"间、列"的视觉方式呈现出来,"把视觉审美艺术价值和定量、准确的数据结合在一起,形成易于理解又具戏剧化的格式"。

信息图表的类型有以下三种。

图解(Illustration):帮助读者理解复杂的事物或概念,包括那些也许极难或者不可能用文字描述的信息。从简单图示到复杂图表,图解有很多种形式。

地图(Maps):帮助读者查找目标位置。

表格(Table):以图形化的形式显示数字信息。

《Boy&deer》 摄影:ju A-youn

《Utopia》

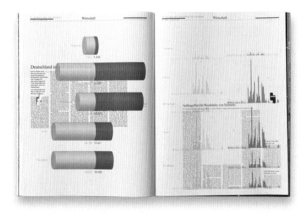
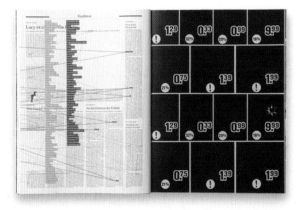

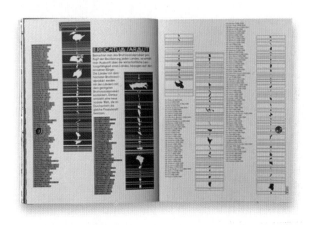
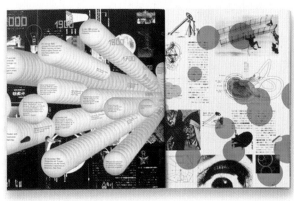

第四章　版面编辑

"书籍设计像建筑设计一样，每一个字都是一个阅读空间；书中容纳的大量信息，又构成了我们视觉和心理的空间。一本书字里行间流淌的信息以及情绪和感受，都是设计，设计者用书籍设计的语言把文字和图像的空间搭建起来。"

▼《Papageienzimmer》

《Superheroes》

►《Francesc Vinas》

《L'officiel》

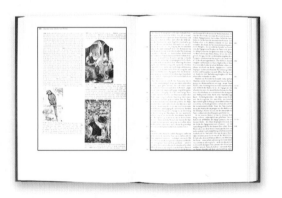
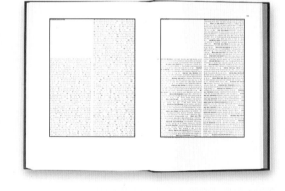

扩大页边空白，版心率会降低

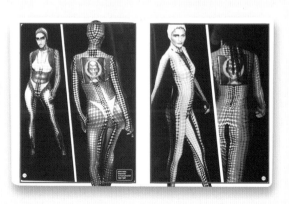

缩小页边空白，版心率会提高

第五节　版面

当进入版面编辑时，首要设定页面的天头地角与四周的余白。在设定页边空白的同时，页面的正文以及图片等相应的空间位置也就确定下来了，这个空间就叫做版面。

一、版心率

版心率指书籍页面中主体内容印刷的面积。版面与版心之比，在同等信息密度的前提下，版心率的大小决定了版面内信息量的大小与基本视觉面貌。

1. 页边四周余白面积扩大，版心率会降低。版心率的减弱使信息量相对减少，视觉上呈现出典雅、安静的印象。

2. 页边四周余白面积缩小，版心率会提高。版心率的提高使页面中所包含的信息不断增加，视觉上呈现出充满活力的页面格局。

二、图版率

图版率是指页面中的图片相对于版面所占的比率。是对页面整体效果产生巨大影响的关键因素。图版率所占的比率直接决定页面中文字与图片的比率关系，引导读者以"阅读"或"观看"的方式走进书籍。

1. 文字的尺寸比率高于图像比率，图版率降低，给人以相对安静的视觉感受，版面呈现"阅读"型。

2. 图像的数量和尺寸的比率愈高，图版率提高，给人以相对活跃的视觉感受，版面呈现"观看"型。

阅读型

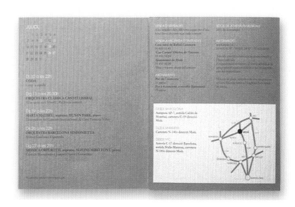

观看型

第四章　版面编辑

三、优先率

优先率是由版面中各元素形体大小的对比度、墨度对比等因素综合决定。如果优先率较高，版面就富于变化；相反，优先率较低的版面就有可能给人带来稳定平整的视觉印象。

四、版面墨度

印刷中印刷网点的密度和一定意义上的油墨厚重度决定所谓"版面墨度"。版面墨度过于浓重，且版面没有任何空白，会给人带来一种压迫感，使人视觉疲劳。这个时候，通常会将图片墨度做相应调整，减轻页面带来的压迫感，这样读者阅读时就会有轻松之感了。

《芝加哥字体展画册》

第四章　版面编辑

第六节　网格

网格是对设计元素进行布局和组合的一种方式。这种现代主义的设计方式，将版面中各类信息元素，以一种核心构架联系在一起，并组织成有序的整体。网格的应用使设计师在设计时有据可依，并且让整个设计过程变得更为方便而易于控制。

一、基线网格

基线网格是版面设计的基础，它提供了一种视觉参考，可以用来精确地摆放和对齐页面上的元素，这是肉眼所难于控制的。

通常在版面中应用到的基线为水平的洋红色直线，用来导引文字的排列，并且还能为图片框提供放置的参考；而蓝色的则作为分栏、页边留白、装订线及其它纵向元素的辅助线。

二、分栏网格

分栏网格对于文字在版面中的编辑非常重要。一个版面可以有多种分栏方式，它可以是二栏、三栏、四栏，甚至于多栏；可以是等比分栏，或以黄金的视觉比例进行分栏；可以是垂直的或是倾斜的。总之，分栏的形式对文字的可读性具有非常明显的作用。

运用分栏网格设计，充分调整版面各元素之间的关系，整个版面统一、协调、完整。更加强调版面各元素间的关联性和视觉的连续性。

《新锐视界 — 陈曼主题摄影展》在版面网格的设置上强调比例感、秩序感、整体感、时代感和严密感，创造了一种简洁、朴实的版面艺术表现风格。在统一中寻求变化，在以基线网格为依据的基础上进行不同程度的破格设计，从而达到版面编排中的自由度和随意性，体现了网格设计的自由化倾向。

《新锐视界 — 陈曼主题摄影展》　　设计：王培

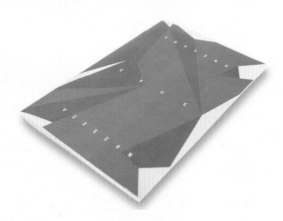

《Arttu杂志》

第四章　版面编辑

三、模块网格

模块网格是建立在分栏网格的基础上，以分栏的数量作为排列基础进行垂直划分。模块网格可以划分成不同空间，给图片、文字的排列以清晰的指导，提供相当的设计灵活性和自由性。

▼《Quaderns》　设计：Twopoints.net

四、成角网格

成角网格原理及其发挥的作用与其他网格相同，但因网格可以设置成任何角度，不同的网格角度对版式所产生的画面效果又各不相同，在便于设计师进行版面编辑时能够打破常规方式以充分展现独特创意风格的同时，成角网格的角度调整是关键。

成角网格在版式编排过程中通常只选择一个或两个角度，使版式结构与阅读习惯尽可能达成一致性。

五、突破网格

建立网格可以帮助设计师对于版式进行有效的布局与编排，使版式更便于阅读。版式编排有效运用一定秩序和法则的同时，不拘泥于网格的束缚，局部打破网格约束的方法进行突破表现，使严谨的网格设计呈现灵活性但又不失秩序感和结构感，这就是突破网格。突破网格结构能够清晰地传达信息，使整个版式层次结构清晰。有效展现设计师创意的特殊设计风格。

课题实训

1. 制作两张从5号到48号的黑体、宋体字号对照表，掌握字号实际应用尺寸。
2. 选择书籍常用中文字体与拉丁文字字体若干，分析不同字体给版面编辑设计带来的变化。
3. 尝试自选一本书籍进行页面编辑设计，要求页面在24页以上，注意版面的设定、图片与文字的关系、整体与局部的关系。
4. 尝试选择一部文学作品为其创作不少于八页的插图系列。技法不限，风格不限。

▼《Kaleid》 作品来源：花瓣网
《Influencia nº 1》

第五章　印刷工艺

书籍整体设计是立体的造型艺术，区别于其他造型艺术设计形式。书籍整体设计只是一种方案，而非最终成品，整体设计完成后，还需经过印前、印中、印后等生产环节，通过纸张、各种承印物和印装工艺，将设计转化为具有物质形态的书籍。

书籍的整体设计及最终的形态、效果及质量，必须依赖于印前、印中及印后加工技术得以实现。

第一节　印刷流程

印刷流程为视觉、触觉信息印刷复制的全部过程，是书籍设计师必须了解和掌握的工学实践环节，也是设计师有效延伸和扩展艺术构思、提升审美意趣、完善形态创造的过程。一个具体印刷项目要经历从客户接待、订单签订到完成诸如制版、印刷、装订等工艺流程这样一个完整的印刷流程。

它分为以下三个阶段。

印前 → 指印刷前期的工作，一般指图像输入、图文处理、拼版打样、打印输出等；

印中 → 指印刷中期的工作，通过印刷机印刷出成品的过程；

印后 → 指印刷后期的工作，一般指印刷品的后加工，包括上光、磨光、覆膜、烫印、压痕、压光、模切、凹凸印、装订、裁切等。

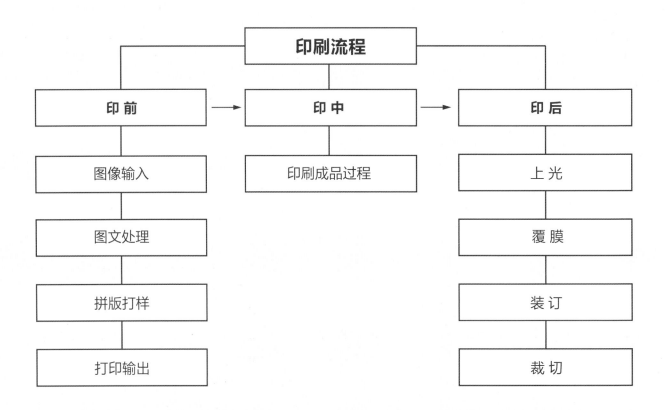

第二节　印前工艺

印前工艺决定印刷成品的最终印刷质量。印前工艺流程包括正式印刷之前的所有生产程序，即将图文信息进行设计与制印的全过程。该流程技术含量高、工序多、操作复杂，主要概括为原稿图像输入处理、原稿图文处理、拼版、打样、打印输出五大印前工艺环节。

一、原稿图像输入处理

对原稿进行数字化图像处理是印前工艺的开端。常用的印前数字化设备有专业扫描仪、数码相机和数字摄像机等。任务是利用激光扫描和光电转换，把原稿上的图像及色彩信息转换为数字信号，再以电子文件的方式存储在计算机中用于印前排版。扫描仪为图像扫描的主要设备。

二、原稿图文处理

原稿图文处理是在完成原稿图像输入后依照客户提供的文本信息及要求确定设计构思，并对版式图文进行重绘、调整或变形等编排处理后再把图像或图形原稿进行分色、放大或缩小，并通过加网将图像分解成细小的网点，使图像原稿变为可进行光学晒像制版的底片等一系列处理过程。

图文处理所使用的前端处理软件分别是图像处理软件、图形处理软件和拼版软件。它们可以通过各自的"导入"功能来接收通用交换文件格式，也可以通过各自的"导出"功能形成产生通用交换文件的"文件输出功能"。图像的用途决定了图档的存储格式，设计中常用的五种图档格式有TIFF格式、GIF格式、EPS格式、PSD格式和JPEG格式。

三、拼版

把已完成的图文稿依照色数、页数、纸张尺寸、装订方式、插页处理、印刷方式等要求，与众多单板组版成为一个印刷大版的作业过程，称为拼版。拼版是进行图文混排的重要过程，拼版规范化、标准化是保证和提高印刷质量的有效手段。

四、打样

打样是印刷生产流程中联系印前与印中的关键环节。它通过一定方法依据拼版的图文信息复制出校样的工艺。打样可以检查在设计、制作、出片、晒版等过程中可能出现的问题及错误，为印刷提供依据和标准。还能给客户提供校审样本，使客户在印刷前预见最终印刷品的效果。

常用的打样方法主要有软打样、传统打样和数码打样三种。

1. 软打样

软打样也称屏幕打样，是用计算机屏幕对单个页面、书帖或全部内容的任务打样。生产人员需要在生产周期的不同阶段用彩色显示器检查单个页面的完善度和精确性，以实现软打样。特点：无需软片、印版等消耗材料；打样成本低，方便、快捷。

2. 传统打样

传统打样中打样机工作原理与印刷机的原理相同。利用水、油不相容原理，通过网点大小来再现彩色图文层次，需要输出菲林和晒PS版，在胶印打样机上完成打样，即胶印打样。

3. 数码打样

以数字出版印刷系统为基础，在出版印刷生产过程中按照出版印刷生产标准与规范处理页面图文信息，使用数据信息直接输出模拟印刷的样张，称为数码打样。它在精度和可靠性方面已超过了传统打样，提高了打样输出质量的稳定性和效率，缩短了打样流程。数码打样成本低，速度快，能够很好地模拟印刷效果，成本和产量方面的优势特别适合于最终打样。

五、打印输出

印前图文信息处理完成后，需要将文件信息记录在某种介质上，以达到输出印刷的目的。按照输出目的不同，输出的介质各不相同，相应的工艺流程也有很大的差别。主要的输出方式有打印机输出、激光照排机输出、计算机直接制版机输出和计算机直接在印刷机上输出四种输出方式。

第五章 印刷工艺

第三节 印中过程

印中指印刷中期的工作，即通过印刷机印刷出成品的过程。

印刷有直接印刷和间接印刷两类。直接印刷是印刷版图文部分的油墨直接转移到承印物表面，印刷后的图像相对于原稿图像而言是反像；间接印刷是印版图文部分的油墨通过中间载体传递、转移到承印物表面，印刷后的图像相对于原稿图像而言是正像。

主要印刷类型有平版印刷、凸版印刷、凹版印刷、丝网印刷和数字印刷。

一、平版印刷

平版印刷也称胶印。平版印刷是利用水、油相斥的原理，使印版表面的图文部分形成亲油基，空白部分形成亲水基。印刷时，通过润水和给墨工作程序，使图文部分着墨拒水，空白部分亲水拒墨，将印版上的阳图正像转印到滚筒的橡胶布上，形成阳图反像，再将橡胶布上的阳图反像压印到纸上，从而得到印迹清晰的正像。

平版印刷印纹边缘淡，中央深，由于是间接印刷，因而印刷物色调柔和浅淡，是四大印刷中色度最淡的。平版印刷的优点：生产周期短，制版简便，印刷速度快，生产效率高，成本低廉；套印准确，图文精细，层次丰富，图像、色彩的还原性好。适合彩色图版印刷，并可以承印大数量的印刷品。缺点：色调再现能力较低，印刷物鲜艳度缺乏；油墨层薄，油墨表现力较弱，通常使用红、黄、蓝、黑四个分色版进行套印。

平版印刷常用于书籍刊物、报纸、画册、招贴画、挂历、地图等印刷。

二、凸版印刷

凸版印刷方式历史悠久。我国唐代发明的雕版印刷术就是凸版印刷，距今已有1300多年的历史。

凸版印刷的印版直接接触承印物表面，是直接印刷。凸版印刷是墨辊首先滚过印版表面，使油墨黏附在凸起的图文部分，然后承印物和印版上的油墨相接触，通过压力作用，使图文信息转移到承印物表面的印刷方法。

凸版主要有铜版、锌版、感光性树脂凸版、塑料版、木版等材质的印版。现今感光性树脂版占主导地位。

凸版印刷的优点：耐印力高，适合小批量、多品种印刷；油墨浓厚，印文清晰，色调鲜艳，油墨表现力强；对承印材料的适应性强，可对不同材料、不同质量、不同厚度、不同规格的承印材料进行印刷。缺点：成本较高，不适合大版面、大批量彩色印刷，存在凸斑的毛边缺陷。

凸版印刷常用于名片、信封、请柬、表格等，还适用于印胶袋、大小塑胶包装等印刷。

三、凹版印刷

凹版印刷属直接印刷方式。凹版印刷的印版，印刷部分低于空白部分，凹陷程度随图像的层次表达出不同的深浅，印纹层次越暗，其凹陷程度越深。在印刷过程中，先在整个印版表面涂上油墨，再把版面擦干净，油墨就留在了印版的凹陷部分，将纸张压印在印版上，油墨也就随之转印到纸张上。

凹版印刷的优点：墨色表现力强，印刷质量高，用墨量大，图文具有凸感，色调丰富，图像细腻，版面耐压性强，质量高；印数大，适合于单色图像印刷，能满足特殊要求印刷；具有较好的防伪效果，凹版印刷以按原稿图文刻制的凹坑载墨，线条的粗细及油墨的浓淡层次在刻版时可以任意控制，不易被模仿和伪造。缺点：制版工艺复杂并难以控制；制版印刷费高，不适合印量小的印刷品。

凹版印刷常用于钞票、证券、邮票等一些有特殊要求的印刷品。

"设计师在追求所谓创意、创意点、原创的同时，总是会忽略细节，忽略技术解决问题的方法。"

四、丝网印刷

丝网印刷又称孔版印刷，它的图文印刷部分是由孔洞组成。丝网印刷利用丝网印版（版基上制作出可通过油墨的孔眼）图文部分网孔透油墨，非图文部分网孔不透墨的基本原理进行印刷。印刷时在丝网印版一端倒入油墨，用刮印刮板在丝网印版上的油墨部位施加一定压力，同时向丝网印版另一端移动。油墨在移动中被刮板从图文部分的网孔中挤压到承印物上。

传统丝网印刷是将丝织物、合成纤维织物或金属丝网绷在网框上，采用手工刻漆膜或光化学制版的方法制作丝网印版。现代丝网印刷技术，是利用感光材料通过照相制版的方法制作丝网印版（使丝网印版上图文部分的丝网孔为通孔，而非图文部分的丝网孔被堵住）。丝网按材料分为绢网、尼龙丝网、涤纶丝网、不锈钢丝网。誉写版印刷是最常见的一种丝网印刷方法。

丝网印刷的优点：油墨浓厚、覆盖力强，色调艳丽；丝网印网版面柔软有弹性，压印力小，可应用于任何材质印制及所有立体形面印刷。缺点：印刷速度慢、生产量低，不适合大批量印刷。

丝网印刷常用于书籍封面、名片、商品包装、商品标牌、印染纺织品、玻璃及金属等印刷。

五、数字印刷

数字印刷是将数字化的图文信息直接记录到承印物上的印刷。

数字化模式的印刷过程，也需要经过原稿的分析与设计、图文信息的处理、印刷、印后加工等过程，减少了制版过程。在数字化印刷模式中，输入输出的都是图文信息数字流，相对于传统印刷模式的DTP系统来说，只是输出的方式不一样，传统印刷是将图文信息输出记录到软片上，而数字印刷则将数字化的图文信息直接记录到承印物上。

数字印刷直接从计算机印前系统接收数字信息，简化工艺流程，提高生产效率，在印刷机上直接成像；无需印版和胶片，节省印刷材料，降低成本；印刷过程中可随时改变内容，即相邻输出两种印刷品可以完全一样，也可以有不同的版式、不同的内容、不同的尺寸，甚至可以选择不同材质的承印物；可以通过网络将数字信息传递到异地进行印刷；由于无需制版，数百份以内的印刷品成本比传统印刷低，实现了短版、快速、实用、精美而经济的印刷。

数字印刷常用于各类出版物、包装及其他印刷品的印刷。

第五章 印刷工艺

第四节 印后工艺

随着读者审美水平的提高,对书籍整体设计及工艺要求也越来越高。为实现书籍整体设计方案,需要对书籍的形态进行精加工,使书籍的外观呈现出独特的设计效果,带给消费者全新的视觉和触觉体验。精心的印后工艺是提高书籍品质的重要手段,也是决定书籍销售成败的关键。

印后工艺是印刷流程中的最后一个环节,是使印刷机印刷出来的印张(半成品)经过再加工后达到客户要求的重要过程。

印后工艺方法多种多样,主要有上光、磨光、刀版、模切、凹凸印、电化铝烫印、覆膜等。

一、印后工艺分类

1. 美化装饰加工。如:上光、磨光、覆膜、凹凸压印、烫印等加工。
2. 成型加工。如:将半成品书页裁切成设计规定的开本尺寸;装订成册;对书籍印刷品进行模切、压痕等加工。
3. 特殊功能加工。如:使书籍具有防油、防潮、防磨损、防虫等防护功能的加工。

二、特种工艺

1. 上光

上光是在印刷品表面涂(喷、印)上一层无色透明上光油,经流平、干燥、固化后在印刷品表面形成薄而均匀的透明光亮层的加工工艺。它是对各种纸张承印物印品表面进行保护和增加印刷品光泽的处理手段。上光油处理可分为全面与局部上光两大类。全面上光是把整张纸上光油,可增加纸张表面质感与耐磨强度;局部上光大多使用在画面及图形需要特别强调的部位,使该部位更立体化,视觉效果更强。

上光被广泛应用于书籍、画册、招贴画、包装纸盒等印品的表面加工。

2. 磨光

磨光也叫压光,是通过高温高压,使已经成膜的光油油膜平整如镜,最后将印品从钢带上剥离下来,使版面获得更光亮、更平滑效果的一道工艺。

要保证磨光质量的稳定性,磨光温度需适中,温度太高会使脱版困难并损坏油膜,太低则印品无法粘附在钢带上,磨光效果不好;磨光要求印刷纸张厚实,磨光压力要根据纸板厚度及磨光效果来调整;要获得良好的镜面效果,上光时油层不能太薄,且在上光半小时左右再磨光效果最佳。

▶ 通过上光和磨光工艺处理增强了书籍的防潮、防水、耐折、耐磨性;使书籍封面承印材料极具光泽,凸现画面的立体视觉效果,提升了书籍的品质。

《Madison 2013》
《Logology 2》
《Innovation X》
《a fine line》
《Vis & Veg》

第五章　印刷工艺

3. 刀版

也称为磨切版，是在书籍印刷成品上压痕或是打孔切边之类的切刀机器上的一种模具。它是将钢片插在木板上，用压力机操作切开纸板，对纸板压痕的工艺过程。

4. 模切

模切工艺是印后最常用的一道工艺。用模切刀根据产品设计要求的图样组合成模切版，在压力作用下，将印刷品或其他板状坯料轧切成所需形状的成型工艺。通过模切刀切割出所需不规则任意形，使书籍印品更具创意。

5. 凹凸印

凹凸印工艺俗称"凹凸印刷"，最早起源于我国，是一种常见的印后装饰工艺。它使用图文信息相互匹配的凹凸印模，通过机械作用使印品表面对应处基材发生永久性挤压变形后，在印品表面形成立体图文。近年来随着电子雕刻和激光雕刻技术的不断提高，凹凸印模的加工水平有了质的飞跃，精雕细凿的凹凸印模使得经凹凸压印加工的印品表面图文更加惟妙惟肖。多用于书籍、瓶签、商标和信封、年历等印刷品的印后加工。

《Francisco Mangado》　　设计：Blanca Prol
《2011 Brand New Awards》

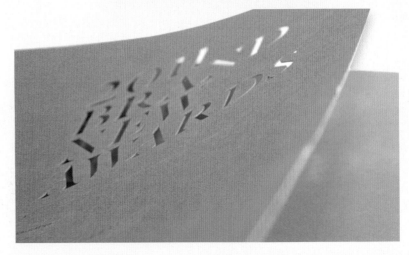

《Khampa》
《The Path Of The Wind》
《In' Ei Raisan By Tanizaki Junichiro》

第五章　印刷工艺

6. 电化铝烫印

电化铝烫印，俗称"烫金"。是一道非常重要的印后加工工艺。指通过烫印版使电化铝受热，剥离层熔化，接着胶黏层也熔化，在压印时胶黏层与承印物黏合，着色层与涤纶片基层脱离，镀铝层和着色层留在承印物上的加工方式。主要烫印图案、文字及线条，以突出书籍品质及提升档次。常被用于精装书籍封面、贺卡、挂历、包装等产品的印后加工。

电化铝烫印分为烫前印刷和烫后印刷。

（1）烫前印刷

一般烫印产品在烫印前都要经过印刷，分为单色印刷和多色印刷。

烫前印刷应注意：深色薄印；使用着色力较强的油墨；在油墨中尽量少加防黏剂和撤黏剂；尽量不喷粉；印刷油墨、上光油和电化铝烫印的印刷适性需相匹配；还应防止油墨对烫印的影响。

（2）烫后印刷

烫后印刷是一项顶尖技术，是在专色油墨上烫印大面积激光电化铝，然后在电化铝上印刷UV油墨。烫后印刷应综合考虑印刷、烫印、烫后印刷三个环节中车间环境温度、湿度等因素，尽量避免人为因素影响。它对承印材料、印刷油墨、印刷设备和印刷人员的要求较高。在烫印过程中，应注意烫印不允许有糊版、反拉、烫印不上等现象。否则，在印刷时时烫印的电化铝就会脱落，并堆积在橡皮布上，会严重影响产品质量和生产效率。

7. 覆膜

覆膜又称印后过塑、印后裱胶、印后贴膜等，是印后的一种表面装饰加工工艺。它是在印刷后印品纸张表面用覆膜机覆盖粘着一层只有12~20μm（即0.012~0.020mm）厚度的透明塑料薄膜而形成的一种纸塑合产品的加工技术。

经过覆膜的印刷品，表面更加光亮、平滑、耐污，彩色图案印后更为鲜艳夺目，不易损坏；加强了印刷品的耐磨、耐折、抗拉、耐湿性能，增强了各类印刷品外观效果和延长了使用寿命。覆膜工艺广泛用于各种装订形式的书籍、画册、挂历、地图、说明书、证件及包装装潢印刷品等的表面装饰加工，是一种很受欢迎的印后工艺技术。

《选择 – 德国最优秀机构 – 第六卷》
《Selection – Germany's Finest Agencies, Band 4》
《Brand Development – Creative Circle Award, Denmark》
设计：muggie Ramadani
《Hugodemartini》
《De+mag》杂志
《Unendlos》

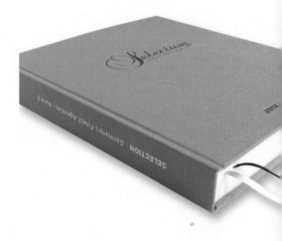

电化铝烫印在《Selection – Germany's Finest Agencies, Band 4》书籍封面设计中起到画龙点睛的作用，工艺精美，为书籍设计锦上添花。

"书籍设计是一种立体的思维,是注入时间概念的塑造三维空间的书籍'建筑'。"

第五章　印刷工艺

三、装订样式

书籍的装订样式是用不同承印材料和装订工艺制作书籍所呈现的外观形态。书籍的装订样式有五种。

1. 简装

（1）普通简装。由不带勒口的封面、主书名页和书芯构成。

（2）勒口简装。由带勒口的封面、环衬、主书名页和书芯构成。

简装书籍一般采用的装订方法有骑马订、平订、锁线订、无线胶订和锁线胶订及塑料线烫订。简装书籍的封面几乎都要进行覆膜或上光处理，有的还要进行凹凸压印、烫印加工、模切、镂空处理等。

2. 精装

精装书一般由纸板、特种纸张或织物等承印物制成的书封加环衬、扉页、目录页和书芯构成，有以下三种形式。

（1）全纸面精装。由全纸面书封、环衬、扉页、目录页和书芯构成。

（2）纸面布背精装。书封的书脊部分采用纤维织物，书封的面封和底封使用纸板或纸张。

（3）全布料精装。书封的面封、书脊和底封都采用纤维织物、皮革、纸板等承印物制作。结构与全纸面精装书相同，一般在封面外包有护封。

精装样式分圆背和平背两种，精装书的书芯装订一般采用锁线订、无线胶订、锁线胶订及塑料线烫订。

3. 软精装

在平装书籍样式上吸收了精装书封面较硬的特点，并在封面外包有带勒口的护封而形成的"软"精装形态，又称"半精装"。这种书籍封面硬度、挺括程度都超过一般简装书籍。

《Paul Strand》　设计：Blanca Prol

《Letter》

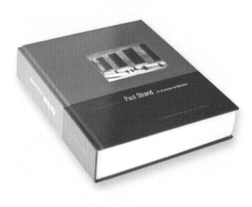

《2012 Brand New 大赛作品集》

《Mmca》

《Thilo Droste & Benjamin Badock / Mixed Doubles》

第五章　印刷工艺

四、装订工艺

书籍的装订工艺是书籍制作过程的最后一道工序，是印刷品从配页到上封面书籍整体成型的过程，包括印刷的每一页需按先后顺序整理、连接、缝合、装背、上封面等加工程序。通过装订使书籍印件牢固、美观、易于翻阅、便于携带及保存。

书籍的装订加工主要分为书芯和书封两大工序。书芯加工中的订联方法多种多样，主要要求订联牢固、平整。书封加工代表印品的外观效果，不同品级、档次的书籍，采用不同的装、订方式，选用不同质地的承印物及不同的设备进行加工完成。

设计师需要从书籍设计的功能角度来选择与之相适应的装订工艺，同时也要充分考虑到装订工艺对设计作品带来的视觉效果、耐用性与成本等因素。对设计师而言，独特的装订工艺会为设计作品带来视觉与触觉的创造性体验。

1. 骑马钉

骑马钉又称骑马订。骑马钉是在书页折叠的中缝处用金属线订合成册的装订。这种装订的书籍无书脊，适合订6个印张以下的书刊。骑马钉也有用线装订的，类似一帖书页锁线订。

2. 无线胶订

将书芯的脊位打毛施连，又称胶装。书籍设计在胶装时首先要把印张罗列好，码整齐；在上胶之前对订口进行切割、打磨，然后用一种特制的韧性好、强度高的黏合剂进行粘合。上胶后包上封面，最后对粘好的书籍进行裁切，将切口处修整齐。由于无线胶订平整度很好，目前，大量书籍、画册都采用这种装订方式。

3. 锁线胶订

锁线胶订，又叫锁线胶背订、锁线胶黏订。这种装订方式是在装订时将各个书帖先锁线再上胶，上胶时不再铣背。这种装订方法装出的书籍结实、平整、耐用，便于保存。书帖经过锁线胶装后可以增强书脊强度，书页不散，便于开合，一般多用于精装书及多页数书籍。现代汉语词典、百科全书、艺术画册、圣经等大部分书籍都采用这种装订方式。

▶

封面与内页分别为250克和157克铜版纸，书页在32P以下的书籍适于采用快速、简易又专业的骑马钉装订方式；通过无线胶订工艺的处理使《Kamil Kuskowski 2000-2012》书脊平整挺括、垂直、方正，立体造型形态得以完美体现；先锁线再胶装的《The Geometry Of Pasta》

《Anniversary Edition Crocodile 60》　设计：ken Lo
《The Geometry Of Pasta》　设计：Hardcover
《Kamil Kuskowski 2000-2012》　设计：3group

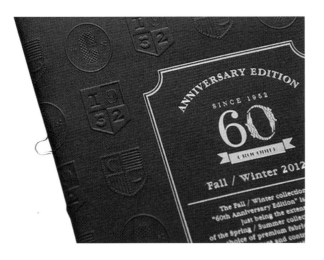

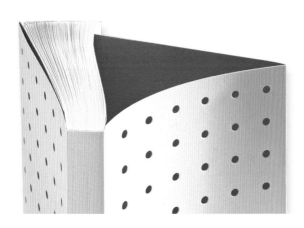

第五章　印刷工艺

《Hella Jongerius》

《The Russian Avant-garde Collection Of Żerlicynów And Żarskich》
设计：3group

《L'encyclopéDie》　设计：Marie-lise Leclerc

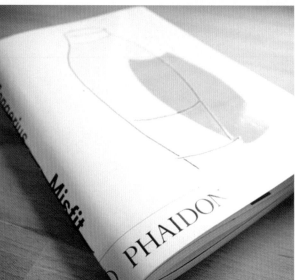

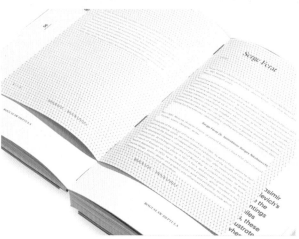

4. 线装

线装的装订方法是打眼穿线订。打眼穿纸针和穿线订书这两个环节是线装书装订程序所特有的步骤。在装订时，须先用纸捻订书身，上下裁切整齐后再打眼装封面。由于装订线完全暴露在封面上，因此非常讲究形式美。线装书根据打孔位置的不同，穿线的形式可分为四眼订、骑线订、太和式订、六眼坚角线订、龟甲式订、麻页订等。

5. 塑料线烫订

塑料线烫订早在20世纪70年代中期就由德国（前东德）引入我国，是一种比较先进的装订方法。塑料线烫订是在折页机进行最后一折之前，以类似骑马订的穿线原理，在每一书帖的最后一折缝上，从里向外穿出一根特制塑料线，穿好的塑料线被切断后，两端（两订脚）向外形成书帖外订脚，然后在订脚处加热，使一订脚塑料线熔化并与书帖折缝粘合，另一订脚留在外面准备与其他书帖粘联，再经配页、包封面、烫背、压紧成型后，各帖之间的另一订脚互相粘连牢固订在书背上，达到联结书册的目的。这种办法装订的书芯非常牢固。

《Roll & Hill Catalog》
《Uni:verse》

第五章　印刷工艺

6. 环订

环订是一种利用梳形夹、螺旋线等订书材料对散页进行装订的印后加工工艺。常见的环订方式有双线环订、金属丝螺旋环订和塑胶环订等。

（1）双线环订

双线环订的装订材料是双线铁丝环，将其加工成型穿入已经打好的孔中即可。

（2）金属丝螺旋环订

金属丝螺旋环订是将金属螺旋铁丝圈卷成螺旋状，再穿入已经打好的装订孔中，在制作时，先将金属丝制成螺旋线圈，然后将螺旋线圈依次转入打好的孔中，最后将线圈的两端折弯，即完成装订。

（3）塑胶环订

塑胶环订与双线环订的装订方法一样，唯一不同的就是装订材质不同，塑胶环订用的是塑胶环，不是铁丝。

环订书籍外观简洁、明快、大方，可将整页书完全平铺展开，方便翻阅。能实现360°翻转（塑胶环订除外），符合单手持书的阅读习惯；能在同一本书籍中采用各种页面，如：折叠插页、索引标签、贴袋、小尺寸插页及异形页面等非标准页面；能用于装订较大幅面的书刊（大至八开）；相对于胶装订和锁线订，操作简单，经济实用。

7. 加式装订

加式装订，全称为加拿大式装订，其特点是在环订活页外面包裹一张封面纸，形成了书脊面。加式装订包括全加式和半加式两种，两者只在书脊上有所差异。

《The Black Book》　设计：karl Mynhardt

《Enviga》
《Historic Fort Langley》 设计：David Arias
《The Hugo Boss Prize 2010》 设计：Project Projects

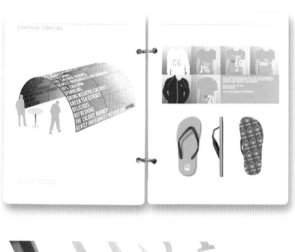

第五章 印刷工艺

8. 特殊装订

下面介绍几种特殊的装订方式。

（1）折页装订

一种特殊的装订方式。一般的印刷品设计都要对页面进行裁切与订合，而折页装订只通过纸张的折叠即可装订成册。折页的前后两页是整个折页的面封、底封，折叠成册后，这两页会把整个折页包起来，为避免内页露在外面，面封与底封的尺寸要比其他页面宽。

阅读时，读者可以逐次翻开折页的每个页面，阅读完后即可把展开的页面折叠成册。常用于宣传册、画册等。

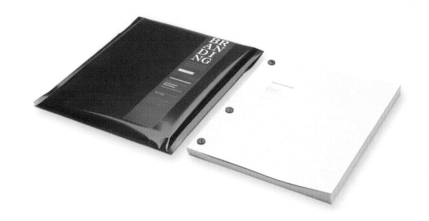

（2）开背装订

指书脊部分裸露在外面。读者可以看到书籍设计锁线的结构，这种装订方式越来越为书籍设计师们所推崇。

（3）夹子装订

是指用夹子等办公用品来装订画册设计。这种装订方式一般多用于公司VI手册或宣传手册的设计中。

（4）活页订

在每一页装订处打孔，用胶(铁)夹、胶(铁)圈、爪订等合成册的装订方式。活页订常用于手册、挂历及活动性较强的印刷物装订。

（5）螺丝装订

在需要装订书页的订口处确定位置，并打孔，锁上螺丝钉予以固定。螺丝装订可牢固固定书页。

📖 课题实训

1. 赴印刷厂实地参观与调研书籍印刷流程和后期工艺制作。
2. 自选主题设计并制作一本书。

实训要求：以设计为本，以技术为依托，熟练操作，灵活运用。

《Branding》
设计：Mick Gapp

《Guias Fabulosa

《2012年记事本日

085 / 086

《Small Studios》运用开背装订工艺处理的裸露书脊既"原始"且现代，创造性地流露出书籍朴素而内敛的整体形象。

《Nhn Uxdp Guidebook》　设计：Myungsup Shin
《Laus 2010》
《2010年伦敦设计节设计师手册》

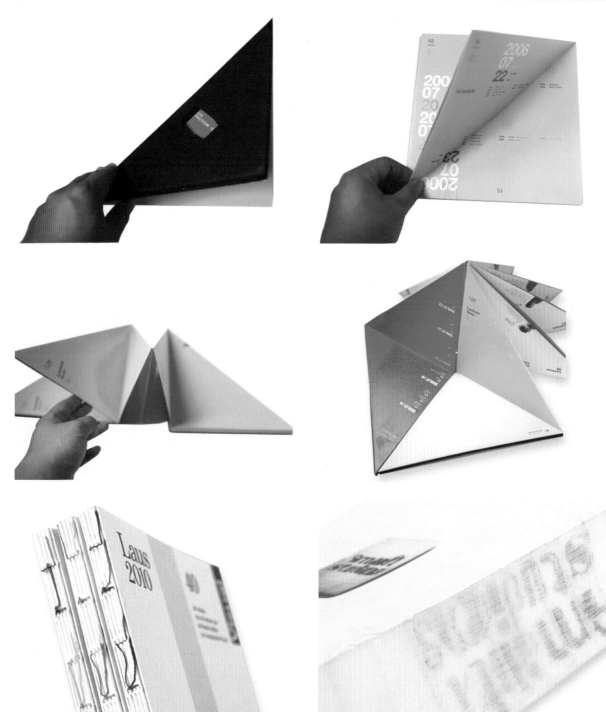

第六章　印刷承印物

　　书籍承印物是一种语言，是书籍内涵、文化精神的载体。

　　书籍承印物是能够接受油墨或吸附色料并呈现图文等信息的一种物质载体。恰当选择承印物关系到书籍设计师对书籍设计作品风格、方案的确定，各生产工艺流程方案的实施，印刷成品的艺术效果、工艺质量乃至印刷成品成本核算等各方面。因此，对书籍印刷成品来说承印物材质的选择至关重要。

　　随着印刷品种类的增多，印刷中使用的承印物包罗万象，有纸张、塑料薄膜、纤维织物、皮革、木质材料、金属、陶瓷等。

第一节　纸张承印物

　　纸张是书籍印刷最主要的承印物。

　　印刷常用纸张用途、品种及规格繁多，其使用的要求以及印刷方式各不相同，故需要根据使用用途与印刷工艺要求及特点来选用相应的纸张。书籍出版常用纸张的品种及用途如下。

一、凸版纸

　　凸版纸专供凸版印刷使用，是凸版印刷书籍、杂志用纸。这种纸多作为重要著作、科技图书、学术刊物、大中专教材等正文用纸。

　　凸版纸质地均匀、不起毛、略有弹性、不透明，具备一定的抗水性和机械强度。凸版纸的吸墨性虽不如新闻纸好，但吸墨均匀，抗水性能及纸张的白度均优于新闻纸。

二、新闻纸

　　新闻纸也叫白报纸，是书籍及报刊的主要用纸；多作为书籍、期刊、报纸、课本、连环画等正文用纸。新闻纸纸质松轻、富于弹性；吸墨性能好，保证油墨能较好地固着在纸面上；纸张经过压光后两面平滑，不起毛，从而使纸张两面印迹比较清晰而且饱满；有一定的机械强度；不透明性能好；适合高速轮转机印刷。

《UTOPIA》

"不同的材质具有相异的个性色彩,依靠印刷工艺转换物化后的书籍形态,往往会呈现截然不同的视觉、听觉、触觉、嗅觉、味觉之感,自然的材质感和设计者所赋予的表情感与读者互动产生心灵触碰。"

《杉木博司个人摄影展》　　设计:钦禄

第六章　印刷承印物

《设计中的设计》　　设计：朱锷设计事务所
《Illustration・Play》
《私囊》

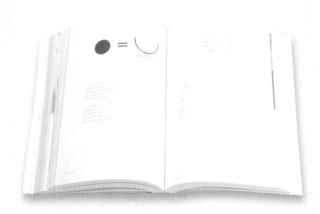

三、胶版纸

胶版纸又名道林纸，因最初出产于美国"道林"纸厂而得名。胶版纸主要供平版（胶印）印刷机或其他印刷机印制高档彩色印刷品时使用，如高档书籍封面、插图、彩色画报、画册、宣传画及彩印商标等。

胶版纸按纸浆料的配比分为特号、1号和2号三种，有单面和双面之分，还有超级压光与普通压光两个等级。

胶版纸有质地紧密不透明，抗水性能强，对油墨的吸收性均匀、平滑度好，印迹清楚等特点，适合单色调的网版印刷，常用于高档书籍印刷。

四、铜版纸

铜版纸又称涂布纸和哑粉纸，有单面与双面涂布纸之分。铜版纸以涂布的分量与压光的程度为依据，分为特级、高级、一级及二级四个等级，等级越高，加工越细，价格越高。由于铜版纸的油墨膜层比非涂布纸薄，其色彩表现饱满艳丽，油墨快干，在短短几分钟内就能用手触摸而不粘手，适合表现鲜艳的、层次细腻的印刷效果。铜版纸主要用于印刷画册、封面、明信片、精美的产品样本以及彩色商标等。

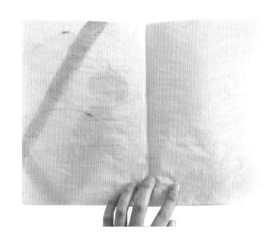

五、白卡纸

白卡纸是经多层双面压光处理的厚白纸，它也有单、双面涂布之分。色彩表现力与涂布纸较为相似。常用于书籍的封面、简精装书的里封和精装书籍中的径纸（脊条）等装订用料。

六、宣纸

我国特有的传统纸张，品种较多。随着印刷技术的提高，宣纸不仅可适用于传统印刷工艺，还可适用于现代印刷工艺。宣纸吸墨性强，纸张柔软，不仅可用于绘画创作，还可印制古籍书及复制古字画，同时也可印制图书、画册。

作品来源：Arting365.com
作品来源：视觉同盟　　设计：Mirit Wissotzky
《Francisco Mangado》　　设计：Blanca Prol

第六章　印刷承印物

七、特种纸张

可供印刷打印的特殊纸质材料非常多，例如：用于制作书籍环衬的硫酸纸、高档印刷压纹纸、耐压纸、新型复合纸等。特种纸张常用印刷工艺：薄型纸张适用平版印刷，较厚纸张适用丝网印刷及烫印工艺。

下面介绍常用的特种纸。

1. 植物羊皮纸

植物羊皮纸，也称硫酸纸。是把植物纤维抄制的厚纸用硫酸处理后，使其改变原有性质的一种变性加工纸。呈半透明状，纸页的气孔少，纸质坚韧、紧密，而且可以对其采用上蜡、涂布、压花或起皱等加工工艺。

硫酸纸是半透明的纸张，在现代设计中通常用作书籍的环衬或护封，也可用作书籍或画册的扉页。在硫酸纸上烫印金、银或印刷图文，别具一格。一般用于高档书籍或画册的印刷。

2. 复合纸

复合纸，也称聚合物纸或塑料纸。是以合成树脂（如：PP、PE、PS等）为主要原料，经过一定工艺把树脂熔融，通过挤压、延伸制成薄膜，然后进行纸化处理，其纸张材料具有天然植物纤维的白度、不透明度和印刷适性。复合纸分为两大类：一类是纤维复合纸，另一类是薄膜系复合纸。

复合纸有优良的印刷性能，在印刷时不会出现"断纸"现象；表面呈现极小的凹凸状，对改善不透明性和印刷适性有很大帮助；图像再现效果佳，网点清晰，色调柔和，尺寸稳定，不易老化。利用复合纸进行胶印印刷时，应采用专业的复合纸胶印油墨。一般用于印制书籍、广告等。

3. 牛皮纸

通常用作包装材料。抗撕裂强度、破裂功和动态强度非常高。通常呈黄褐色。半漂或者全漂的牛皮纸浆呈淡褐色、奶油色或白色。纸张多为卷筒状，也有平张与平板纸。采用硫酸盐针叶木浆为原料，经打浆，在长网造纸机上抄造而成。牛皮纸用途广泛，还可用作信封纸、胶封纸装、印刷用纸等。

▶

《365 Days In A Day》书籍复合纸的运用更好地突出和烘托主题，符合现代潮流。

《365 Days In A Day》　设计：Mnp
《A Green Facade》　设计：Sharon Park
《诗的信使 — 李敏勇》　设计：黄子钦
《Komma 7》　设计：Alexander Münch
《Massimo Dutti》

第六章　印刷承印物

"书籍不是静止的装饰之物。读者在翻阅过程中，与书籍沟通并产生互动。书成为一个驾驭时空的能动的生命体。读者从中领悟深邃的思考、生命的脉动、智慧的启示、幻想的诱发；体会情感的流露、视觉传达的规则、图像文字的美感……从而享受到阅读的愉悦。"

▶

《Waldhaus Sils A Family Affair Since 1908》

《Gideon Rubin Others》

《Travel Experienced》

《Sainsbury's Spring/summer 09 Collection Introducing Tu Home》　设计：Spin

▼《中国百年旗袍展》　设计：邵梦俏

《家话无印良品居家精品展》　设计：席丽莉

4. 压纹纸

压纹纸即采用机械压花或皱纸的方法，在纸或纸板的表面形成凹凸图案。

压纹可以分为套版压纹和不套版压纹两种。国产压纹纸大部分是由胶版纸和白板纸压成。表面比较粗糙，有质感，表现力强，品种繁多。常用来制作书籍或画册的封面、扉页等，以表达不同的设计诉求。

5. 花纹纸

花纹纸作为优质的纸品，手感柔软，外观华美，成品更富高贵气质，令人赏心悦目。花纹纸通常能为设计师的书籍作品锦上添花。花纹纸可分为抄网纸、仿古效果纸、特殊效果纸、非涂布花纹纸、刚古纸、"凝采"珠光花纹纸、"星采"金属花纹纸、金纸等。

在选择纸张承印物前，设计师必须考虑供选纸张与设计方案、印刷工艺相适应的各种问题，使众多纷繁的纸张承印材料能更好地为书籍印刷服务，增添书籍的艺术性，提升书籍的整体品质。

第六章　印刷承印物

第二节　特殊承印物

在印刷中，除纸张外，能满足书籍作品设计意图、体现设计精神和印刷工艺要求的承印物还有很多，诸如各种织物、塑料、金属、木料、皮革、合成树脂纤维等材料作为特殊承印物活跃在书籍设计中，被广泛应用。

一、纤维织物

主要有棉、丝、麻织品等。一般采用凹版和丝网印刷。

1. 棉织物做封面古雅端庄，朴素经济，加工易粘连和烫印。但缩水性比较强，使书籍印刷品外观效果不能长久保持。

2. 丝织物做封面质地细腻，烫印精细，图文清晰，秀丽古雅。多用于高档精装书籍。加工要求高，具有不耐酸碱的特性。

3. 麻织物做封面具有质感强烈、粗犷大气的特点，多用于大幅面的书籍和画册设计。运用麻织物的书籍封面也常配以化学纤维材料做点缀，如黏纤、涤纶、锦纶等其他特殊承印物。

二、皮革材料

极少高档书籍采用的材料。主要有牛皮、猪皮、羊皮等。皮革材料加工工艺复杂，一般采用烫印或镂空的方式来处理。

三、金属材料

金属是一种重要的承印材料。金属印刷有别于一般的纸张及塑料印刷，有其自身的适印特点。合理选用油墨和上光油是保证金属印刷产品具有良好的牢固度、色彩、白度、光泽度以及加工适性的前提，是决定金属印刷产品质量的关键。与纸张印刷油墨相比，金属印刷平版胶印应使用高黏度的油墨。

金属印刷中，为提高印后加工的适应性，使印品表面具有一定的光泽度，在印刷油墨未完全干燥之前应进行上光处理，以形成均匀、平滑的涂膜，避免产生渗色现象。同时，金属印刷油墨应具有一定的硬度和韧性，在反复加热时不至改变其性质，底色涂层和上光油应具有良好的附着性。

▶《Gideon Rubin Others》
《Alex Trochut More Is More》
▼《Massimo Dutti》
《Altreforme》
《阿迪达斯历史画册》
《B&h》

"认识材料在书籍设计中的作用，不断发现和使用新材料，促进书籍设计艺术的发展，不仅是每位书籍设计工作者的职责，也是每位书籍设计工作者应当面对的挑战。"

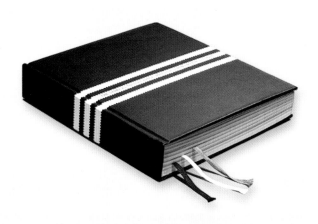

第六章　印刷承印物

四、塑料材料

由于塑料、玻璃表面的光泽度高，具有强烈的反光特性，是设计师对书籍承印材质不错的选择。

塑料具有一定的强度、弹性、抗拉、抗压、抗冲击、抗弯曲、耐折叠、耐磨擦、防潮、轻便、透明性好、表面光泽好、价格具有竞争力等特点。但塑料易老化、回收有污染；在印刷上有一定的难度；且吸油墨性差，图片的还原性不强。

一般采用平版印刷、凹凸版印刷、丝网印刷及烫印。

五、木质材料

木质材料在书籍设计印刷中并不少见。在木质承印物上印刷图文信息，有必要了解油墨及材料种类相关的信息，并决定是否对木质材料进行涂层和特殊处理以及使用哪种印刷工序等。

薄的木质材料可用平版印刷，厚的板材则可使用丝网印刷、烫印。相较于塑料与金属等工业化现代气息浓厚的承印物，木质承印物从其材料质感和肌理中彰显的是稳重、内敛的东方文化气息，所呈现的独特韵味更接近人文类的书籍题材。

特殊承印物的种类、规格、重量、色彩及质地各不相同。特殊承印物的选择，除决定书籍印品的质感和印刷质量外，对印刷后书籍成品的品质效果起着举足轻重的作用。

📖 课题实训

赴纸材市场及印刷厂了解并对比纸张种类、特点、开本和克数。

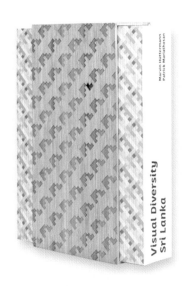

◀ 《Visual Diversity Sri Lanka》
设计师：Patrick Mariathasan
▼ 《The Path Of The Wind》
作品来源：花瓣网
《私囊》
《Print Vol.1》

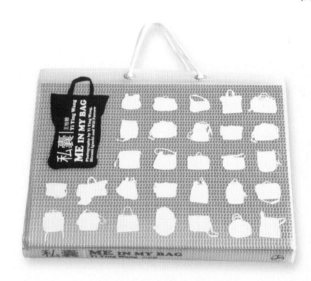

第七章　纸张成型与书籍艺术

纸张是物质载体，设计赋予它新的生命。

通过对纸张自身属性的发掘及其空间形态的探索，能够增强纸张的造型表现，使纸张的空间形态和纸面的图文信息得以有机地结合。赋予纸张新内涵的同时，可生动拓展图文信息的表现力，创造出视触觉感，这样既可丰富受众的感官感知，更有利于信息的传达。

第一节　纸张成型

纸张通常呈现二维平面形态，其形式语言的表达远不如三维空间形态丰富。然而，纸张却具有良好的折叠、弯曲、切刻等可塑性，加工与连接工艺简单、易成型。纸张就其自身性能而言，有各种各样独特的成型方法：折叠、剪切、粘贴、缝合、拉伸、转动等。

纸张成型的空间构成原理和方法为书籍设计提供了广阔的创作空间和全新的思维理念。

一、折叠

折叠是利用纸的可塑性能表现立体的一种最常见、最主要的立体加工方法。一张平面的纸，它本身没有立体感觉，但经折叠之后，就产生了两个面、明暗及空间关系，因而形成了立体造型。通过纸折叠而形成的立体造型，具有体积感强、明暗对比强烈、形态明确等特点。

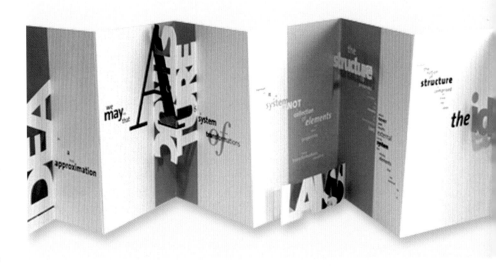

折叠的方法主要有直线折和曲线折两种。为使折叠形态具有整洁、挺拔的美感，折叠前在纸张上需画好折叠线，然后用刀具在折线上轻划切痕，切痕的深度最好为纸张厚度的二分之一，划好折痕后开始折叠。折叠纸张时如果折向切痕的相反方向，纸张容易破裂。

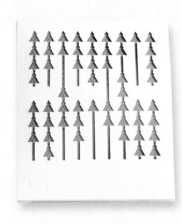

二、剪切

剪切是主要以分割和切线来表现形态的一种方法。纸张通过各种剪切的加工方法，运用于书籍设计中的形态，在视觉上会使人感到有一种离、

别、断、灵空、轻巧等感觉。

三、粘贴

许多纸张成型设计需要借助粘贴来塑造成型，根据数量和复杂程度的不同，可以采用手工或机器粘接，不同成品有不同的粘贴方法。

四、缝合

纸张的一种连接方法，即采用线绳等材料连接纸张进行书籍装订。

五、卷曲

将纸或纸条卷在木棍或笔杆上，向同一方向搓动或抽拉木棍、笔杆，纸由于受到压力产生变形卷曲出适用的弧度。这里需要注意纸张的方向性。

六、围合

利用卷、折、粘等手法，将平面围合形成柱体、方体、锥体等。锥体围合，可先剪去一部分，衬于锥体内，粘贴成锥形。方锥可用切折法。

作品来源：Arting 365

作品来源：站酷

作品来源：设计源博客

《Sculp Ture Today》

设计：Atelier Dyakova

作品来源：站酷

《San Martino》

作品来源：百科图片

作品来源：3视觉

第七章　纸张成型与书籍艺术

第二节　书籍艺术

书籍是一种物质产品，同时也是一种精神产品，文化的载体。

书籍的内容必定有其物质的承载，不同的载体产生不同形态的书籍。随着当今时代的发展，许多书籍已突破传统书籍形态，正慢慢以其独立的设计语言、独特的阅读方式跃然于世，诸如立体书籍、概念书籍等。

当今的书籍艺术形态正不断地在艺术与载体间寻找新的设计语言，在一定程度上改变了人们的阅读习惯，使人们领悟书籍设计的全新理念。开拓与创新书籍艺术观念，不断创造出超越时代具有未来观念的书籍艺术作品是我们的使命。

一、立体书籍

立体书籍（Pop-up Book），也被称为可动书（Movable Book），泛指书页中加入可动装置"机关"或透过书页的开阖展示立体纸艺的书籍。1930年代美国纽约Blue Ribbon出版社为迪士尼的卡通主角制作一系列立体绘本时，首创"Pop-up"这个至今世界通用的立体书专有名词。立体书籍因主要面向儿童市场，故又被称为儿童立体书。

立体书可因使用材质、内容、设计风格、开本大小、互动形式以及展合、开、关、碰、翻转、推、拉等不同的运作方式而呈现众多缤纷且各异样式。

作品来源：视觉同盟

《Proponere》 设计：渡边良重

作品来源：站酷

作品来源：中国视觉联盟

第七章　纸张成型与书籍艺术

《宝马汽车宣传册》

《Faltjahr 2010》

二、概念书籍

《辞海》中解释，"概念"是反映对象本质属性的思维方式。我们可以把概念理解为：人们用全新的思维和表现手段来诠释对象的本质内涵。所谓概念书籍，是对传统书籍设计的一种解构，它以书籍的名义将原有书籍的概念颠覆，在保持书籍内涵的前提下结合工艺和材料尝试各种可能的书籍形式。它包含了书的理性编辑构架和物性造型构架，是书籍传达形态概念上的创新，是为了寻求新的书籍设计语言而产生的一种形式，根植于内容却又在表现上另辟蹊径。

概念书籍的主要特征表现为：因受到技术和实用成本等条件的制约，概念书籍不能大批量生产，它的读者群范围还仅限于艺术家和嗜好书籍设计的少数人群，存在着不普及的特性；概念书籍设计担当着开创当代书籍设计先锋的角色。虽不能成为书籍流通中的主流，但它对独特个性和前卫理论的强调，引领着书籍设计的创新理念；概念书籍在形态上已经摆脱了传统书籍设计的束缚。设计者以独特的视觉信息编辑思路和创造性的书籍表达语言来传达文字作者的思想内涵，并体现着非常强烈的个性。设计师们从传统的书籍形态概念出发，延展出许多具有新概念的书籍形态来。

概念书籍设计是书籍设计中的一种探索性行为。从表现形式、材料工艺上进行前所未有的尝试，并且在人们对书籍艺术的审美和对书籍的阅读习惯以及接受程度上寻求未来书籍的设计方向。它在材料的选择和运用上摆脱传统纸张的束缚，在概念思维的影响下对新材料、新技术的探索，使设计师们对材料的选择有了更大的空间，任何与书籍主题相适应、相匹配的的材料，例如木材、金属、塑料、玻璃等非常规书籍材料都可以得到合理地运用。在概念书籍中材料的巧妙运用，可以让人们在感观上、触觉上直观感受到书籍的内涵，亲历体验现代书籍不寻常的设计观念。

《Sirio Color》

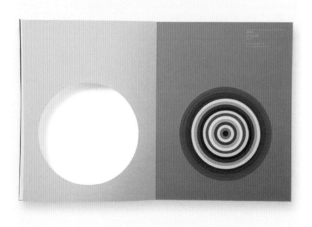

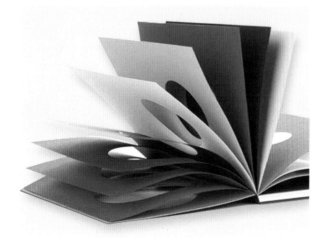

第七章　纸张成型与书籍艺术

三、超越书籍

　　超越是指对于现实局限性与时空限制性的一种突破。超越是一个极高的境界。超越书籍即指书籍拥有的内在设计精神已远远超越书籍形态与结构本身，从而升华到精神甚至哲学高度的书籍形态。

　　超越书籍设计是现代人对书籍设计提出的一种超越的设计观念。从形式到观念，超越书籍超越传统的书籍形态和阅读方式，集前卫性、创意性于一身，从书籍的结构、材料、阅读方式等方面超越传统，向读者传递把握时代潮流、新颖、独特、超前的构思理念。

《Shanghai's City Of Dreams－上海城市梦想》　设计：Kristina

📖 **课题实训**

1. 运用纸张成型加工方法，完成一本立体书的设计与制作。
2. 自定义创作概念书籍一本。要求：发挥个人想象，自创书籍形式；可以是动态书籍、会走的书籍、会说话的书籍、立体书籍、会生长的书、会发光的书、会唱歌的书等，设计风格不限；设计新颖，极具创意，突破常规。

"艺术乘以工学等于设计的平方,形而上,形而下,艺术创意再加上设计师对设计的逻辑思考,工艺技术的兑现,完成完善设计作品,最后得到设计本身立方值、平方值,甚至N方值的价值。"

第八章　项目解析

本章引入传统、概念、商业三类不同方向的书籍设计项目案例，全案解析书籍整体设计从创意构思、方案设计到书籍成型的全过程在设计实践中的应用。

第一节　项目案例一

一、项目名称

《节气之花》

二、项目设计

沈曙峰、罗素芳

三、项目解析

本项目是一本指导鉴于不同节气如何栽花、育花、赏花的书籍。项目继承了传统书籍的古朴韵味，在整体造型上采取层层渐进的流动式设计，延伸出整个书籍古朴儒雅和人书互动的阅读情趣。封面及内文的基调和谐统一；腰封采用手感柔润的宣纸印制，与环衬、前后扉、内文、插页的特种纸张相得益彰。

解读"节气"，彰显古韵，感染读者：春秋战国时期形成的二十四节气是一种用来指导农事的补充历法，是我国劳动人民长期以来对天文、气象、物候进行观测、探索、总结的结果，是我国独有的伟大科技成果，对我国广大农村开展农事活动有广泛的应用价值，二十四节气一般更适用于黄河流域一带的农事活动。

二十四节气与季节、温度、降水及物候有密切的关系，立春、立夏、立秋、立冬分别表示春、夏、秋、冬四季的开始，春分、秋分、处暑、小寒、大寒五个节气表示最热、最冷的出现时期；白露、寒露、霜降表示低层大气中水汽凝结现象，也反映气温下降程度；雨水、谷雨、小雪、大雪反映降水情况及程度；惊蛰、清明、小满、芒种反映物候特征和农作物生长情况。为了便于记忆，人们把它编成节气歌，有人还配以七言诗。

种花可以怡情养性，增加生活情趣，放松心情，提高生活品味和审美能力，并且可以改善居住环境的小气候，是一种时尚，是热爱生活的人们的挚爱追求。有兴趣的年轻人，除可积累植物养护知识以外，还可尝试涉足园艺，用自己的双手装扮生活、创造自然的美丽。

本书从构思→内容→方案→成型，在理性驾驭和感性表现的同时，准确把握书籍整体信息构筑形态，使作品呈现动态的信息穿透力。

第八章 项目解析

第二节 项目案例二

一、项目名称

《跟我一起去旅行》

二、项目设计

杨晨

三、项目解析

本项目为创意概念书。创意灵感的锁定源于设计师对旅行生活的关注、钟爱和体悟。

通过照相机记录大千世界千姿百态的人、事、物。以照相机（看、发现）和旅行箱（行走）为设计线索，以旅行中的奇闻趣事为有机整体的每一个线索，导引出《精彩瞬间》《闲适心情》《流光溢彩》系列设计。

在思索与实践书籍设计的文字、图形、色彩、构图、材料五要素的同时，一种鲜活生动的信息表达方式通过设计师的思想情感融入书籍，将信息真实展现，并由读者发挥自己的想象力去联想、去体味。在整体设计上，手工制作独特欧洲风格的旅行箱形式介入书函设计；色彩基调朴素而有质地感，给人以独立、田园、浪漫、温暖、快乐的感觉，采用自由手绘的插画形式来表现旅行的轻松愉悦及有趣、猎奇的经历感；采用手工麻布、编织织物、皮革材质精工制作。

《跟我一起去旅行》号召了一种最为平常却又出奇不意的书籍立体形态，勾起人们对远足旅行的无限向往和憧憬感，是创造性思维的最佳结果。

旅行箱和照相机能使我们拥有灿烂的心情和热情四射的笑容……

拎起旅行箱满怀憧憬的启程远足，向着灿烂阳光、光明自由……

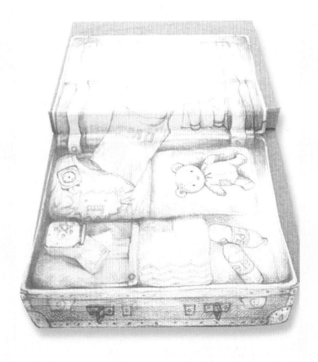

第八章 项目解析

第三节 项目案例三

一、项目名称

《2010上海世界博览会 浙江馆纪念册》

二、项目设计

沈丽平

三、项目解析

2010年上海世界博览会浙江馆在世博会"城市,让生活更美好"主题基础上,提出"幸福城乡、美好家园"的主题概念。浙江馆向中国与世界展示"城乡同创、城乡共荣"的浙江城乡发展模式。

《2010上海世界博览会浙江馆纪念册》是集艺术性与功能性为一体的纪念册项目,是2010年上海世界博览会书籍项目成功案例之一。设计师在进行本项目设计开发的过程中,封面运用与场馆精致和谐以及充满浙江人文气息的展示风格相协调的色块、简明现代的字体设计,无不彰显出世博理念及浙江的大气与开放。内部结构和版式设计运用明信片形式,集合浙江馆各场馆特色与精彩项目;外部结构设计借用吊牌设计形式可以配挂在胸前,也可以用手指钩提;为观众留有记录观察心得的空白页的巧妙创意;原生态特种纸张及UV印刷工艺技术等创意与工艺的综合运用,独具匠心地集书籍设计的功能、艺术与技术及纪念册于一体。

本项目始终围绕世博会浙江馆"幸福城乡、美好家园"主题概念,极尽诠释书籍设计语言的功能,为读者创造内容与形式表里统一的阅读环境生态和时空观念的有序化陈述。

第八章　项目解析

第四节　项目案例四

一、项目名称

《东风汽车股份有限公司画册》

二、项目设计

徐健

三、项目解析

企业画册设计是现代企业产品商务推广的载体，其在企业商务推广流程中能够有效传播企业产品、文化、理念而得到大多数企业的广泛认同。《东风汽车股份有限公司画册》项目充分把脉企业多元的文化基调，融合市场理念，深度创作，是企业营销宣传画册设计项目成功案例之一。

《东风汽车股份有限公司画册》设计制作的关键，是画册的整体"策划"。在画册设计前期与企业充分沟通的基础之上，基于东风汽车股份有限公司的企业构架、规模及企业理念，依据设计师的整体策划策略确定画册设计的主体内容及风格定位。画册设计紧紧围绕企业发展积淀形成的文化特质，以此为脉络进行历史回顾，发展征程主要事件、产品展示顺应展开；封面设计运用东风企业旗下主打产品为画面主体，彰显东风企业无所不达的领先之志，意寓"东风"已再次吹响集结号，引领各路大军向着未来，加速前行争当时代弄潮。该画册设计着重从企业自身特点出发，始终围绕"东风"企业精神分析企业对外的展示表现属性，高端大气的产品、博大开放的企业胸怀通过设计师恰如其分的现代视觉语言表现，赫然再现，彰显无遗；以企业产品宣传为目的的"东风"画册为两折页设计，共有30页，在有限的空间里表现出企业及产品海量的内容；在当今"读图"时代，往往以图片为主文字为辅来表现主题，设计师紧紧围绕项目策划主题精筛细选相关的图片素材，并对其进行了必要的梳理和整合，为画册精准的画面编排、和谐的色调设计打下了基础，增进了大众对"东风"及旗下产品的良好认知。

《东风汽车股份有限公司画册》项目设计注重对企业形象的高度提炼，让人过目难忘。精准的整体"策划"与设计风格定位是充分展现"东风"企业经营理念及企业文化精神面貌的基础。

课题实训

1. 任选一个品牌设计产品宣传书（可以为虚拟课题，也可以是真实案例）。要求：从企业需求和目的出发，设计风格新颖且有市场竞争力，能提升企业形象和品牌亲和力，设计方案能在市场上为企业获得经济效应；产品宣传书内页40页以上。
2. 从形式到内容，完成一本书的整体设计。实训要求：书籍题材和种类不限；开本大小不限；充分体现书籍结构各要素间的关系；材料不限。

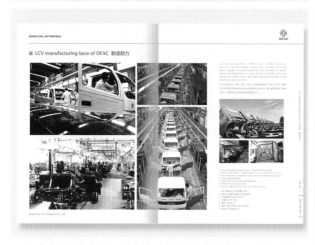

资料来源

部分书籍图片转载地址

http://www.google.com.hk/books?id=_1pQAAAAMAAJ&lr=&hl=zh-CN

http://blog.sina.com.cn/s/blog_8034fd7c01011lod.html

www.hauserlacour.de

http://www.hauserlacour.de/index.php?nodeId=359&lang=1&projId=486

http://www.3visual3.com/fengmian/2013082418512.html

http://www.3visual3.com/fengmian/2013081718451.html

www.wangzhihong.com

http://www.3visual3.com/fengmian/2013052517713.html

http://www.google.co.jp/books?id=mbzaata1vdkC&hl=zh-CN

http://www.victionary.com

http://blog.sina.com.cn/s/blog_4bc6d5240102dvjn.html

http://blog.sina.com.cn/s/blog_4bc6d5240102dwgz.html

http://books.google.co.uk/books/about/Jewelry_Concepts_and_Technology.html?hl=zh-CN&id=_Jc4VBmK9l8C

http://detail.bookuu.com/1395049.html

http://book.douban.com/subject/2275272/

http://opus.arting365.com/BookBinding/2012-08-22/1345616616d261650_5.html

http://www.3visual3.com/fengmian/2013062718006.html

http://www.3visual3.com/fengmian/2013062517986.html

http://opus.arting365.com/BookBinding/2012-07-25/1343195016d260695_12.html

http://opus.arting365.com/BookBinding/2012-08-29/1346215528d261900.html

http://book.douban.com/subject/1962512/

http://www.google.co.jp/books?id=mbzaata1vdkC&hl=zh-CN

http://book.douban.com/subject/2275272/

http://book.douban.com/subject/10443115/

http://blog.sina.com.cn/s/blog_3d885ff50100mu84.html

http://spin.co.uk/catalogues/crafts-council-possibilities-losses

http://new.pentagram.com/2007/08/new-work-canongate-books/

http://blog.selector.com/au/2011/01/06/supergraphics-transforming-space/

http://book.douban.com/subject/2007497/

http://www.3visual3.com/fengmian/2013010116365.html

http://opus.arting365.com/BookBinding/2012-08-29/1346215528d261900.html

http://books.google.com.hk/books?id=PYTsOwAACAAJ&hl=zh-CN

http://www.zcool.com.cn/show/ZMTIyMDcy/1.html

http://www.3visual3.com/fengmian/2013043017474_5.html

www.pentagram.com

http://www.blottodesign.de/

http://ffffound.com/

http://www.behance.net/gallery/vida-de-vivos/358170

http://www.sse-p.com

http://blog.sina.com.cn/s/blog_8034fd7c0100ukwh.html

http://blog.sina.com.cn/s/blog_6e2b4d2d0100n444.html

http://www.lofficiel.cn/index.html

http://www.blottodesign.de/

http://blog.sina.com.cn/s/blog_4bc6d5240102dvjn.html

http://abc.2008php.com/Design_news.php?id=907215&topy=0

http://www.latortilleria.com/

http://qing.weibo.com/tj/67cad8fe33000jbl.html

http://www.dailyicon.net/2009/04/books-cars-freedom-style-sex-power-motion-colour-everything/

http://www.dailyicon.net/2009/04/books-cars-freedom-style-sex-power-motion-colour-everything/

http://www.3visual3.com/plane/huace/2013110919113.html

http://opus.arting365.com/BookBinding/2012-10-29/1351501093d263711.html

http://shijue.me/show_idea/5264969ae744f91d4f0002cd

http://www.behance.net/gallery/In-Ei-Raisan-by-Tanizaki-Junichiro/9875465

http://www.3visual3.com/fengmian/2013102218954.html

http://www.3visual3.com/fengmian/2013031217004.html

http://www.core77.com/blog/book_reviews/book_review_a_fine_line_how_design_strategies_are_shaping_the_future_of_business_by_hartmut_esslinger_14383.asp

http://pinterest.com/pin/230105862180785113/

http://blog.sina.com.cn/u/2150956412

http://www.3visual3.com/fengmian/2013101718911.html

http://blog.sina.com.cn/s/blog_8034fd7c0100vj2j.html

http://www.blottodesign.de/

http://blog.sina.com.cn/s/blog_4bc6d5240102dwqs.html

http://www.hauserlacour.de/

http://www.3visual3.com/fengmian/2013071118120.html

http://www.visiotypen.de/html/eng/work/mixeddoubles.html

http://neusblog.com/2008/11/because-studio/

http://opus.arting365.com/BookBinding/2013-08-30/1377822654d274259.html

http://www.3visual3.com/fengmian/2013060117778.html

www.hauserlacour.de

www.wangzhihong.com

http://kashiwasato.com

http://blog.sina.com.cn/s/blog_3d885ff50100mu84.html

http://blog.sina.com.cn/s/blog_4bc6d5240100qz1n.html

http://www.3visual3.com/fengmian/2013082018471.html

http://www.yatzer.com/EAT-Design-with-Food-by-EIGA

www.hauserlacour.de

http://www.hauserlacour.deindex.phpnodeId=437&lang=1

http://blog.sina.com.cn/s/blog_8034fd7c0100w3e3.html

http://www.fevte.com/tutorial-12300-1.html

http://blog.sina.com.cn/s/blog_6e2b4d2d0100mntt.html

http://www.3visual3.com/fengmian/2013070618089.html

http://www.k1982.com/show/730298htm

http://blog.sina.com.cn/s/blog_8034fd7c0100ukwh.html

http://book.douban.com/subject/1962512/

http://www.victionary.com

http://www.visionunion.com/article.jsp?code=20131190034

http://www.kokokumaru.com/

http://blog.sina.com.cn/s/blog_62ff164b0100x6lf.html

http://www.typografie.de/

http://blog.sina.com.cn/s/blog_4bc6d5240102dwqs.html

http://www.3lian.com/show/2010/08/3071.htm

http://book.douban.com/subject/1962512/l

http://www.visionunion.com/article.jsp?code=20131040033

http://www.visionunion.com/article.jsp?code=20091020025

http://www.ad110.com/life/show.asp?id=2893

http://www.ruiii.com/html/Photo/Detail/33ec1a803861760c.html

http://opus.arting365.com/BookBinding/2009-08-12/1250045816d210219_10.html

http://www.3visual3.com/fengmian/2013073018290.html

http://www.visionunion.com/article.jsp?code=20130121031

http://www.behance.net/gallery/Shanghais-city-of-Dreams_-/11870767

跋 文

《书籍设计与印刷工艺》（第2版）终于截稿。对我而言，这本教材有着不同寻常的意义。自撰写本书以来背后的那些人和事，其中的每一段文字、每一张图片都能勾起我的深刻记忆和铭感之情。

首先要提到我的挚友沈丽平女士。当编写本书第1版时，丽平作为我的合著伙伴，不知有过多少不眠之夜。我们彼此倾心地交流和心灵碰撞；我们倾尽全力，一丝不苟，把它看成我们共同的"孩子"，伴随着每一次新的突破，每一次愉悦的体验，终于迎来了这本省级重点教材的"诞生日"——出版。正当我们共同期待着下一次的精诚合作，期待着一本更能贴近书籍设计应用实际，并能与学生及书籍工作者产生良好沟通与共鸣的教材问世之时，丽平因病离世的噩耗和本教材选题通过了"十二五"职业教育国家规划教材立项的通知几乎同时接到！一时间我竟无法接受，悲痛欲绝，难以自拔……编写任务停滞了整整三个月。最终，理智战胜了悲痛。斯人已逝，惟音容笑貌犹存。虽然阴阳两隔，也许因我与沈丽平女士的默契，我感知到她对我的鼓舞，也许是丽平一直藏在我的内心深处，也许是受强烈责任感的驱使，恢复编写工作后的我又开始夜以继日、激情迸发。丽平，是你激发出我更多的智慧和创作灵感！

一天，小学6年级的儿子捧来一大盒与同学自制的微型"书籍"向我"炫耀"，并滔滔不绝地跟我讲起他们4人制书社团的故事。社团正式取名2D设计公司，专门"生产加工"SD系列书。社团设计制作了徽标，自建了网站。从推广销售、故事采编、漫画创作到书籍制作，4人分工合作。他们制作的SD系列书籍受到年级同学的认可和广泛传播。看着孩子手中各式各样装帧而成的"书籍"，我不禁问，是学校老师教的吗？让我没想到的答案是："妈妈，是你教我的啊！我偷偷看了你正在编写的那本书，按照上面讲的，看着图就尝试着做出来了。"听了儿子的话，我的心中涌起一阵莫名的兴奋和感动。感动于儿子不但没有因我专注编著教材而责怪妈妈冷落他，反而给了我一个大大的惊喜！这个发现让我意识到，一本好书真的可能改变一个人的一生。儿子的鼓舞使我增添了一份责任感。感谢孩子为我增添了无穷的动力和信心！

书中收录的案例都是近年积累的优秀作品。其中，除了中国美术学院学生的优秀案例以外，还选录了业内知名设计专家提供的成功案例。感谢你们的支持；还要特别感谢那些本教材的实践者——同学们。你们的设计实践和提出的诸多建议，使本教材得以实现贴近书籍设计应用实际的创作初衷。你们对书籍设计的学习热情以及对书籍具有生命价值的认同是对我的最大鼓舞。同时还要感谢所有帮助和鼓励过我的前辈、老师、同学和亲友们。这本书是大家共同努力的结晶，感谢大家为此所做的努力。

由于笔者水平有限，书中尚存不足之处，敬请大家斧正。

谨以本书作为对丽平女士最好的告慰和纪念。

笔者于2014年12月31日